D1868591

BMW

DIE SCHÖNSTEN MODELLE

100 JAHRE DESIGN UND TECHNIK

HEEL

Impressum

HEEL Verlag GmbH
Gut Pottscheidt
53639 Königswinter
Telefon 0 22 23 / 92 30-0
Telefax 0 22 23 / 92 30 26
Mail: info@heel-verlag.de
Internet: www.heel-verlag.de

© 2016: HEEL Verlag GmbH, Königswinter

Verantwortlich für den Inhalt:
Roland Löwisch

Lektorat:
Jürgen Schlegelmilch

Lithographie, Satz und Gestaltung:
Bettina Hanisch, Bonn

Fotonachweis:
BMW AG, Archiv HEEL Verlag, J. Schlegelmilch

Titelfoto:
BMW AG

Alle Rechte, auch die des Nachdrucks, der Wiedergabe in jeder Form und der Übersetzung in andere Sprachen, behält sich der Herausgeber vor. Es ist ohne schriftliche Genehmigung des Verlages nicht erlaubt, das Buch und Teile daraus auf fotomechanischem Weg zu vervielfältigen oder unter Verwendung elektronischer bzw. mechanischer Systeme zu speichern, systematisch auszuwerten oder zu verbreiten. Ebenso untersagt ist die Erfassung und Nutzung auf Netzwerken, inklusive Internet, oder die Verbreitung des Werkes auf Portalen wie Googlebooks.

Wir sind bei der Auswahl der Fotos mit Umsicht vorgegangen, um keine Rechte Dritter zu verletzen. Falls dies dennoch geschehen sein sollte, bittet die Redaktion um kurze Nachricht.

Dieses Werk ist kein offizielles Produkt der BMW AG, München. Alle verwendeten Markenzeichen, Modellbezeichnungen und Typnummern sind Eigentum des Herstellers und dienen hier lediglich zur Identifizierung und Spezifikation.

Alle Angaben ohne Gewähr, Irrtümer vorbehalten

Printed in Romania

ISBN: 978-3-95843-353-3

BMW

DIE SCHÖNSTEN MODELLE

100 JAHRE DESIGN UND TECHNIK

HEEL

M VX 6666
M GR 4725
M GU 4769
M VX 9000
M HB 7739

Inhalt

Vorwort	**7**
1. BMW – Das Unternehmen	**9**
2. Aufstieg aus Ruinen	**30**
3. Die 60er Jahre – Es geht bergauf	**44**
4. Die wilden 70er	**62**
5. Zeit der Moderne	**82**
6. Mit Vollgas Richtung neues Millennium	**110**
7. Mit iDrive und Connectivity in die Zukunft	**140**
8. Art Cars – Die Entstehung der Beziehung Kunst und Automobile	**206**
9. Die M GmbH – Der stärkste Buchstabe der Welt	**217**

BMW-Spezial

BMW und die Designer I	**60**
BMW und die Designer II	**79**
Der BMW Turbo	**80**
BMW und die Designer III	**108**
BMW und die Designer IV	**129**
BMW – Studien und Concept-Cars I	**130**
BMW und die Designer V	**187**
Die BMW i GmbH	**188**
BMW – Studien und Concept-Cars II	**190**
Die erfolgreichsten BMW-Rennwagen	**244**

BMW M1

Vorwort

Mein erster BMW war grün, gebraucht und schon etwas gammelig. Aber das machte mir nichts aus – im Gegenteil: Rost hin oder her, das Auto – gleichzeitig mein erster Sechszlinder nach vielen Käfern, Audi 80, diversen Enten und einem 50-PS-Diesel-Mercedes-Strichachter – war ein Labsal. Der Reihensechser im 320 von 1978 schnurrte zufrieden, und ich schnurrte mit.

Zugegeben, damals wusste ich nicht viel über die Herkunft des Mittelklassewagens oder über seine Vorgänger. Nicht mal über die Geschichte der Firma – es gab schlicht wichtigere Dinge. Zum Beispiel, einen Parkplatz an der Hamburger Uni zu finden. Dabei ist die Story über den südlichsten der drei deutschen Premiumautobauer jede Zeit wert, sich damit zu beschäftigen.

Was ich nachhaltig durch Horst Mönnichs Buch „BMW – eine deutsche Geschichte" erfuhr. Die Story ist geschrieben wie ein Krimi. Faszinierend, detailverliebt, fesselnd. Mit Sicherheit ein Grund, mich dem Automobiljournalismus zu verschreiben.

Ein anderer war, dass der Job es bis heute erlaubt, die schönsten, schnellsten, stärksten und interessantesten Autos der Welt zu fahren – natürlich auch BMW. Zum Beispiel 1995 die neue Fünfer-Reihe. Oder den einst nagelneuen Z3 Roadster, ausgerechnet auf einem Dirt-Track in den USA. Als wir ein völlig verdrecktes rotes Exemplar als Aufmacherfoto im STERN Heft 45/95 zeigten, war BMW wenig erbaut – die Leser fanden's gut. Damals lief noch 507-Designer Graf Goertz um das Auto herum, nickte wohlwollend und bekannte, dass er das Heck etwas interessanter gestaltet hätte. So etwas vergisst man nicht.

Unter anderem fuhr ich den M Roadster 1997 durch Staub, testete 1999 den 180.000 Mark teuren BMW 320i DTC-E 46, ein Kundensportgerät für die Deutsche Tourenwagen-Challenge, befreundete mich mit einem Hartge Roadster V8 (ein Z3 mit 350 PS starkem 4,8-Liter-V8 für fast 190.000 Mark), lernte 2000 das BMW-Fahrertraining kennen mit dem 400 PS starken M5, der damals stärksten Serienlimousine der Welt, heizte im ersten X5 durchs Death Valley, liebte schnell den M3 CSL im Jahr 2003 und ebenso den M5 von 2004 mit 507 PS. 2010 ging's im 70 Jahre alten BMW 328 Mille Miglia von München nach Brescia, was den Blick auf historische BMW schärfte. Und auf dem Flugplatz Gross Dölln bei Berlin durfte ich die Formel BMW Racing Experience mitmachen – auch wenn ich da schon längst dem Alter der Nachwuchspiloten entwachsen war.

Nicht erst seitdem weiß ich: Die BMW-Welt ist riesengroß, spannend und unterhaltsam. Und ziemlich genau 100 Jahre alt – auch wenn das Gründungsdatum der Unternehmens im Jahre 1916 fast so gut konstruiert ist wie die Autos aus Bayern.

Lassen Sie sich von mir entführen in die Welt von BMW, mit ihrem Mut, ihrer Standfestigkeit und ihrer Innovationskraft. Und vor allem in die Welt ihrer Automobile. Aus Freude am Lesen.

Hamburg, August 2016 — Roland Löwisch

Kapitel 1

BMW – Das Unternehmen

Die Keimzelle des Unternehmens an der heutigen Lerchenauer Straße im Münchner Stadtteil Milbertshofen ist seit 2016 wieder im Firmenbesitz und beherbergt die Classic-Abteilung von BMW.

Die Anfänge

Es sind ungemütliche Tage Anfang März 1916. Die Luft ist nassfeucht, jeder Deutsche bekommt nur noch 125 Gramm Butter pro Woche, der Liter Benzin kostet unsägliche zwei Mark. Der Erste Weltkrieg hat das Land fest im Griff.

Aber im Krieg braucht man Waffen und Flugzeuge. Das weiß auch Gustav Otto, Sohn von Nicolaus August Otto, dem Erfinder des Viertaktmotors. Der Junior ist einer der ersten lizensierten Flugzeugführer Deutschlands und einigt sich im März mit fünf weiteren Geschäftsmännern auf die Gründung einer neuen Firma zum Bau von Flugmaschinen. Otto bringt seine bankrotten Otto-Werke ein – Standort der neuen Firma ist die Neulerchenfeldstraße (heute Lerchenauer Straße 76) am Rande des Oberwiesenfeldes: Am 7. März 1916 wird die „Bayerische Flugzeugwerke AG" im Handelsregister als Rechtsnachfolger der „Flugmaschinenfabrik Gustav Otto" eingetragen: Gesellschaftsregister des Amtsgerichts München, Bd. 30, S. 78, Rge. Alt HRB Bd. 1 Nr. 123. Eine von mehreren Keimzellen der modernen BMW AG – die die Bayern heute als Geburtstag angeben.

Die zweite Keimzelle ist die „Bayerische Motoren Werke GmbH", deren Name erstmals im Juli 1917 im Münchener Handelsregister auftaucht. So heißt jetzt die „Rapp Motorenwerke GmbH" in der Unterschleißheimer Straße 288. Am 5. Oktober 1917 wird beim kaiserlichen Patentamt das Firmenzeichen angemeldet, der so genannte Propellerkreis. Ebenfalls 1917 entsteht der erste Motor, der den Namen „BMW" trägt: der BMW IIIa ist ein Sechszylinder-Reihenmotor mit 185 PS für Flugzeuge.

Bereits 1918 feiert man das Produktionsjubiläum des BMW IIIa: 500 Exemplare sind gefertigt.

Am 13. August 1918 wird aus der „Bayerische Motoren-Werke GmbH" eine Aktiengesellschaft. Der verlorene Weltkrieg bedeutet sowohl für die BMW AG als auch für die „Bayerische Flugzeugwerke AG" (beide Firmen existieren bis 1922 nebeneinander) fast das Ende. 1922 kauft BMW die örtlich benachbarten Flugzeugwerke – und adoptiert die Vergangenheit der Firmengeschichte, weswegen der 7. März 1916 als Gründungsdatum gilt. Aber es soll noch bis zum 6. Juni 1922 dauern, bis die „Bayerische Motoren Werke AG", wie sie heute existiert, fertig geformt ist.

Die Macher

Ohne den Ingenieur Franz Josef Popp würde BMW wohl heute nicht existieren: Er initiiert 1917 den Namenswechsel der Rapp-Werke in BMW, nachdem die Firma 224 Stück 350-PS-Motoren für das Österreichische Militär bauen soll und der glücklose Firmengründer Karl Rapp ausgeschieden ist. Popp wird erster BMW-Geschäftsführer, 1918 erster Generaldirektor.

Er wirbt bei Daimler den Konstrukteur Max Friz ab und macht ihn zum Chefingenieur – die beiden bilden ein fast kongeniales Duo. Schon im September 1917 läuft das erste Probeexemplar des Sechszylinder-Flugmotors IIIa, später entwirft Friz das erste BMW-Motorrad, die R 23.

1919 schaltet Popp tatendurstig die erste Anzeige, die deutlich macht, was er mit seiner Mannschaft bauen will: „Bayerische Motorenwerke liefert Motoren für Flugzeuge und Motorpflüge, Kraftwagen und Boote". Unter ihm wird aus einem reinen Motorenproduzenten ein Mobilitätsunternehmen. Auf Popps Anraten kauft 1922 der umtriebige BMW-Hauptaktionär Camillo Castiglioni die so benachbarten wie maroden „Bayerischen Flugzeugwerke". BMW als neuer Besitzer zieht dort mit etwa 100 Leuten ein, baut vor Ort eine Aluminium-Gießerei, errichtet ein Material-Prüflabor. Popp bleibt BMW-Chef bis 1942 – dann erst wird er auf Druck der Nazis abgelöst.

Für den Wiederaufbau von BMW nach dem Zweiten Weltkrieg inklusive der Werke München, Allach und Berlin steht vor allem der Name Kurt Donath. Er wird BMW-Vorstand im Jahr 1947. Donat sichert das Überleben der Firma durch eine Notproduktion und die Zukunft durch Entwicklung von Nachkriegsprodukten. Er tritt 1957 zurück – in Zeiten der größten Krise der Firma seit 1916 bis heute: Am 9. Dezember 1959 soll die Hauptversammlung nach Willen der Banken beschließen, BMW in die Hände von Daimler-Benz zu legen. Mit Tricks und Geduld schaffen es die Kleinaktionäre, dass das nicht passiert. Daraufhin übernimmt Großaktionär Herbert Quandt das Ruder, investiert kräftig und sorgt so dafür, dass BMW eigenständig bleibt.

1963 wird Paul G. Hahnemann BMW-Vorstandsvorsitzender. Der Experte baut die Handelsorganisation auf, führt neue Marketingansätze ein und kurbelt den Export an. Vorher hat er als Verkaufschef bereits dafür gesorgt, dass täglich mehr als 600 Autos gebaut werden und der Jahresumsatz 1961 auf mehr als 1,1 Milliarden Mark steigt. Unter anderem aufgrund seiner Nase für Marktnischen, die er zum Beispiel mit sportlichen Limousinen füllt, erhält er von BMW-Fahrer Franz-Josef Strauss den Kosenamen „Nischen-Paule". Ab 1970 führt Hahnemann einen Machtkampf gegen seinen designierten Nachfolger – und verliert.

Kein Wunder: Der neue BMW-Vorstandsvorsitzende ist nämlich Eberhard von Kuenheim. Der arbeitet seit 1965 bei der Quandt-Gruppe und wird von dem Frankfurter Großindustriellen 1970 auf den Vorstandsposten gehoben. Mit 42 Jahren ist von Kuenheim damit jüngster Vorstandschef der deutschen Großindustrie.

Unter seiner Leitung steigt die Firma zum global agierenden Unternehmen auf. Er sorgt für neue Vertriebswege und ein neues Produktportfolio. Und er holt eine schillernde Persönlichkeit ins Boot: Bob Lutz, der 1972 Vertriebsvorstand wird. Lutz sorgt für Wachstum dank verbessertem Auslandsvertrieb und der Gründung von Tochtergesellschaften. Auch der Ingenieur Wolfgang Reitzle ist ein wichtiger Vorstand in jener Zeit, er kommt 1976 zu BMW und ist ab 1987 Entwicklungsvorstand, später verantwortet er auch das Marketing. 1993 wechselt von Kuenheim in den Aufsichtsrat, 1999 geht er in den Ruhestand.

Der 1886 in Wien geborene Ingenieur Franz Josef Popp wird 1918 erster Generaldirektor von BMW.

Paul G. Hahnemann, genannt „Nischen-Paule", führt als einer der erfolgreichsten Automobilmanager Deutschlands BMW wieder in die Gewinnzone.

Er soll BMW in das nächste Jahrhundert Firmengeschichte führen: Produktionsplanungsspezialist Harald Krüger.

BMW Verkaufsraum in Berlin im Jahre 1929

Sein Nachfolger als BMW-Chef wird 1991 Bernd Pischetsrieder. In seine Amtszeit fallen die letztlich wenig erfolgreiche Übernahme der Rover-Group als auch die Eingliederung von Rolls-Royce in den Konzern. Als Rover floppt, muss er gehen. Er wird beerbt von Joachim Milberg. Der Ingenieur verkauft Rover und sorgt für die noch heute geltende Premiummarkenstrategie mit den drei Marken BMW, Mini und Rolls-Royce. Auf ihn folgt der Unternehmensstratege Helmut Panke, der nach vier Jahren wiederum vom Fertigungsexperten Norbert Reithofer abgelöst wird. Seit 2015 heißt der BMW-Chef Harald Krüger – ein Spezialist der Produktionsplanung.

Werke, Übernahmen, Zusammenschlüsse

BMW beginnt die Arbeit mit dem Bau von Flugmotoren und Motorrädern – für die Produktion von Autos benötigt es eine ganz besondern Aquisition. Abgesehen von der Zusammenlegung der Bayerische Motoren Werke AG und der Bayerische Flugzeugwerke AG im Jahr 1922 ist der Kauf der Dixi-Werke des Jakob Schapiro in Eisenach die erste Firmenaquise bei BMW. Ende 1928 erwirbt BMW das Werk samt Lizenz für zehn Millionen Reichsmark – und wird damit zum Autohersteller. Rückwirkend zum 1. Oktober werden die Dixi-Werke in „BMW-AG Zweigniederlassung Eisenach" umgetauft. Sofort hält BMW im Kleinwagensegment einen Marktanteil von 32 Prozent. Ende der 20er Jahre hat BMW bereits mehr als 100 Händler in ganz Deutschland.

Mit Flugmotoren, Motorrädern und Autos wächst BMW stetig – doch im Zweiten Weltkrieg muss die noch recht junge Firma die eigenen Wachstumswünsche dem Wachstumswahn der Nationalsozialisten unterordnen: Die BMW AG ist nun ein reiner Rüstungskonzern. Aber ein innovativer: 1939 erhält BMW den Auftrag, einen Düsenantrieb zu entwickeln – das BMW-Aggregat 003 wird eines der ersten serienmäßig gebauten Strahltriebwerke. Ab 1942 sind 67 Prozent der Gesamtbelegschaft Zwangsarbeiter, an den Autobau ist nicht mehr zu denken.

Nach dem verlorenen Krieg werden die Produktionsstätten zur Demontage freigegeben. Das Werk Milbertshofen wird abgebaut, das Werk Allach Reparaturbetrieb der Alliierten. Das Werk Eisenach, wo bislang alle BMW-Autos entstanden sind, wird 1945 Teil der sowjetischen Besatzungszone und heißt Awtowelo BMW – damit ist es für BMW verloren, ebenso wie alle Motorradfertigungsanlagen. Weil ab 1946 dort wieder Motorräder, ab 1947 schon wieder BMW 321, später 328, 326 und 327 aus der Fabrik rollen, genehmigt das Registergericht München am 28. September 1949 die Auflösung der „Zweigniederlassung Eisenach". Dort wird aus BMW letztlich EMW.

BMW hält sich nach dem Krieg zunächst mit dem Bau von Kochtöpfen, Bäckereimaschinen und landwirtschaftlichen Geräten, Baubeschlägen und Bremsen-Kompressoren über Wasser. Und muss zusehen, wie die englische Firma Bristol 1947 den Bristol 400 bringt – sieht aus wie ein BMW 327, fährt aber wie ein BMW 328. Der Grund: Bristol hat die Konstruktionszeichnungen als Reparationsleistung erhalten, den BMW-Chefingenieur Fritz Fiedler nehmen sie gleich mit.

Doch BMW kann sich freischwimmen – zunächst mit dem Bau von Luxusautos, später mit kleinen Automobilen. Und kann expandieren: So kauft BMW 1967 die Hans Glas GmbH mit den Standorten Dingolfing und Landshut, und zwei Jahre später muss die Motorradproduktion aus München nach Berlin-Spandau verlagert werden, weil der Platz für die Autoproduktion benötigt wird. Aus der Glas-Fabrik in Dingolfing entsteht 1970 die zentrale Teileauslieferung, ein Jahr später wird ein komplett neues Fahrzeugwerk daraus. Dort läuft 1973 der erste Fünfer vom Band. München baut weiterhin die kleineren Baureihen.

1970 beginnt der Bau der neuen BMW-Zentrale in München – dem so genannten „Vierzylinder" – und des dazugehörigen neuen Museums. Als eine der ersten Nebenfirmen wird 1971 die BMW Kredit GmbH zur Finanzierung eigener und von Händlergeschäften gegründet, ein Jahr später folgt die Gründung der BMW Motorsport GmbH, die sich zunächst nur um BMW im Motorsport kümmern soll, später aber ihre Arbeit ausweitet auf starke Straßenautos und mit dem M1 das erste eigene Auto baut – und sich somit letztlich zur BMW M GmbH wandelt.

Das BMW Group Forschungs- und Innovationszentrum (FIZ) ist seit Gründung eine Denkschmiede für Ingenieure und begehrter Arbeitsplatz für den Technikernachwuchs.

1972 übernimmt BMW das vom südafrikanischen Importeur errichtete Werk Rosslyn bei Pretoria – es wird die erste BMW-Produktionsstätte außerhalb von Deutschland. Dort wird ab 1984 die Dreier-Reihe gebaut.

Ende der 1970er Jahre erkennt die BMW AG den immer wichtiger werdenden Diesel-Markt und gründet 1979 mit der Steyr-Daimler-Puch AG die BMW Steyr Motorengesellschaft. Das daraufhin neu entstehende Motorenwerk übernimmt BMW im Jahr 1982 vollständig und nennt es BMW Motoren GmbH, Steyr. 1983 läuft hier der erste Dieselmotor vom Band, heute ist es das Diesel-Kompetenzzentrum von BMW.

1985 gründet BMW seine eigene Ideenschmiede namens BMW Technik GmbH, das erste Produkt ist der BMW Z1. 1987 wird das neue Werk in Regensburg eröffnet. 1990 beginnt die Arbeit im Forschungs- und Innovationszentrum FIZ – erstmals in der Autoindustrie werden sämtliche Forschungs- und Entwicklungsabteilungen unter einem Dach zusammengefasst: 7000 Wissenschaftler, Ingenieure, Designer, Manager und Techniker arbeiten hier.

Und Anfang der 1990er Jahre wird es notwendig, in Amerika Flagge zu zeigen: So wird 1993 der Grundstein gelegt für das Werk Spartanburg in South Carolina, ab 1995 werden dort Autos gebaut.

Im Zuge der großen Automobilhersteller-Übernahmezeit Mitte der 1990er Jahre greift BMW 1994 bei der Rover Group zu. Mit einem Schlag können die Bayern nun eine Million Autos pro Jahr produzieren, die Mannschaft zählt plötzlich 110.000 Mitarbeiter. BMW investiert kräftig Geld in Rover, doch bekommt man die britische Qualität und Quantität nicht in den Griff. Nach nur sechs Jahren beendet BMW enttäuscht das Rover-Experiment: Land Rover geht an Ford, die Marke Mini mit den Werken Oxford und Swindon bleibt jedoch bei BMW, was sich als Glücksfall erweisen wird. 2001 kommt der erste neue Mini unter BMW-Regie auf die Straße – und wird eine Erfolgsgeschichte der eigenen Art.

1998 erwirbt BMW die Marken- und Namensrechte von Rolls-Royce Automobile. Ein Wirtschaftskrimi für sich, denn das Rolls-Royce-Werk und die Schwestermarke Bentley gehen an VW. Man einigt sich mit den Wolfsburgern: Bis Ende 2002 bleibt das britische Unternehmen komplett bei VW, dann erhält BMW Rolls-Royce mit allen Rechten und Konsequenzen. Für die Produktion wird ein neues Werk gebaut in Goodwood, England, das 2003 eröffnet. Es ist für Rolls-Royce der sechste Standort seit 1904. Erstes Auto: der Rolls-Royce Phantom.

Im Jahr 2000 besitzt BMW 16 Werke weltweit (in Deutschland: München, Dingolfing, Regensburg, Wackersdorf, Landshut, Berlin, Eisenach) und mehr als 30 Tochtergesellschaften. 2005 kommt das Werk Leipzig hinzu mit 5500 Abeitsplätzen, 750 Autos werden pro Tag gebaut. Ab 2013 und 2014 werden dort auch die Elektroautos i3 und i8 gebaut.

2007 eröffnet westlich des BMW-Vierzylinders die „BMW Welt“. Sie gilt als das Portal der Marke und wird das neue Auslieferungszentrum. Zwei Jahre später nimmt das Aerodynamische Versuchszentrum (AVZ) in unmittelbarer Nähe zum FIZ die Arbeit auf.

Revolutionäre Bauweise: Jedes Stockwerk wird am Boden im Rohbau vorbereitet und anschießend hydraulisch nach oben gezogen. 1970 erbaut, erfolgt rund 35 Jahre später für 115 Millionen Euro eine umfangreiche Modernisierung der seit 1999 unter Denkmalschutz stehenden Firmenzentrale am Petuelring und des angegliederten Museums.

Auf dem Milbertshofener Oberwiesenfeld, direkt neben der Konzernzentrale, entsteht ab 2004 aus 4000 Tonnen Stahl die BMW Welt: Architektonisch soll der so genannte „Doppelkegel" die Eigenschaften der Marke BMW widerspiegeln: Innovation, Dynamik, Offenheit, Flexibilität.

Im Jahr 2011 gründet BMW gemeinsam mit der Sixt AG die Car-Sharing-Firma DriveNow, die zunächst nur in München agiert. Sie wird in die Submarke BMW i GmbH integriert, die alle Elektroaktivitäten von BMW umfasst. 2015 kann DriveNow rund 500.000 Kunden vorweisen, etwa 4000 Fahrzeuge sind im Einsatz.

Die wichtigsten Autos und Motorräder

Das erste Massenprodukt von BMW ist 1923 ein Motorrad – die R 32. Ihr Grundkonzept bleibt vielen weiteren Generationen erhalten: Boxermotor und Kardanantrieb im Doppelrohrrahmen.

Mit der Submarke i GmbH positioniert sich BMW auf dem Marktsegment der Elektromobilität.

Das erste Auto unter BMW-Ägide ist der Dixi, 1928 ein Lizenzbau des Austin Seven. Am 22. März 1929 erblickt der erste echte BMW in Berlin-Johannisthal das Licht der Welt, ein BMW 3/15 DA2.

Nach dem Zweiten Weltkrieg bekommt BMW die Genehmigung zum Bau eines Einzylinder-Motorrades und stellt die R 24 auf die Räder (250 Kubik, 12 PS, fliehkraftgeregelte Zündverstellung, Vierganggetriebe). Und darf bald darauf auch wieder Autos bauen. Aus Mangel an Maschinen und Platz müssen es allerdings handgefertigte Luxusautos wie 501 und 507 werden. Die BMW Isetta ist das erste Auto, das wirklich etwas Geld in die Kassen spült, und erst mit der „Neuen Klasse" schafft BMW ab Anfang der sechziger Jahre den Weg aus dem größten Ungemach heraus.

Die bis heute wichtigsten Autos von BMW – die Dreier-, Fünfer- und Sieben-Serie – entstehen ab 1972 mit dem ersten Fünfer. Nur drei Jahre später beginnt bei BMW die Tradition der Art-Cars – internationale Künstler nutzen bayerisches Blech und Aluminium für ihre Interpretationen. Und 1987 bringt BMW als erster deutscher Hersteller seit Horch und Maybach in den 30er Jahren wieder einen prestigeträchtigen Zwölfzylinder-Motor, und zwar im Siebener.

1991 präsentiert BMW mit dem Concept-Car E1 sein erstes Elektroauto. Auf andere Art elektrisierend sind die Movie-Cars: Ab 1996 engagiert sich BMW bei

In Berlin-Johannisthal läuft die Produktion des Dixi auf vollen Touren. Die Fahrgestelle kommen aus dem Werk in Eisenach, bei den Ambi-Budd-Werken werden die Bleche für die Karosse gefertigt, die noch vor Ort von BMW-Mitarbeitern zusammengebaut werden.

James Bond. Die Zusammenarbeit bleibt für insgesamt drei Filme bestehen.

1997 beginnt BMW die Mission „Mini" mit einer ersten Studie, 2001 gibt's „Premium im Kleinwagensegment" auf der Straße. 1999 folgt der BMW X5, die erste „geländetaugliche Sportlimousine" oder das erste „sportliche Allradfahrzeug" – jedenfalls der erste SUV von BMW. Im Jahr 2000 wagt BMW das Expermient C1, das „sicherste Zweirad der Welt" sowie einen wasserstoffbetriebenen Siebener.

Die erste Großserienfertigung aus dem Hause BMW: die R 32.

Zweiradfertigung im Jahr 2000: „Das sicherste Zweirad der Welt" darf ohne Helm gefahren werden.

Neues auch im Jahr 2004: BMW steigt mit der Einser-Reihe erstmals in die Kompaktklasse ein. Und 2013 geht BMW den konsequenten Schritt in die Elektromobilität: Der auf Wunsch rein elektrisch angetriebene i3 wird präsentiert.

BMW im Motorsport

Die Kunden erkennen in den sportlichen Autos aus Bayern in den 1930er Jahren zwar früh das Motorsport-Potenzial, doch bis zum Werkseinsatz wird es lange dauern. Erst im Jahr 1940 schafft BMW den von den Nationalsozialisten geforderten Sieg bei der Mille Miglia.

Viele Motorsport-Fans haben ihre sportlichen BMW 328 im Krieg versteckt, und holen sie 1946 wieder heraus, als wieder Rennen erlaubt werden – 1947 kommen 230.000 Menschen zum Hockenheimring, wo auch ein gewisser Ernst Loof mit sei-

Auch beim Langstreckenklassiker an der Sarthe im Einsatz: BMW 328 Touring Coupé in Le Mans im Jahre 1939.

Die Anfänge von Burkard Bovensiepen aus Buchloe sind so vielversprechend, dass man schnell expandieren kann. Heute fertigt Alpina als eigenständiger Autobauer exklusive Hochleistungsfahrzeuge auf BMW-Basis.

nem weiterentwickelten 328 antritt. Er gründet die Firma Veritas, indem er alte BMW Sportwagen aufkauft, aufpoliert und vor allem in die Schweiz verkauft. Aber die Firma ist 1952 schon wieder am Ende.

Auch die Motorsport GmbH tut, was sie soll – so gut, dass der BMW 3.0 CSL in den 1970er Jahren sechsmal die Tourenwagen-Europameisterschaft gewinnt, Tuner wie Hartge, Alpina, Koepchen und Schnitzer machen die Autos scharf.

1982 steigt BMW in die Königsklasse des Motorsports ein, die Formel 1. Schon ein Jahr später gewinnt BMW als Motorenlieferant von Brabham den Titel. Und der sportliche Erfolg geht weiter: Nach der Formel 1 konzentriert sich BMW auf sportliche Tourenwagen – der M3 wird daraufhin der erfolgreichste Tourenwagen der Welt.

Im englischen McLaren F1 macht der Zwölfzylinder von BMW nicht nur auf der Straße, sondern auch auf der Piste Furore. 1995 gewinnt das Team die 24 Stunden von Le Mans. 1999 kann BMW das wichtigste Rennen der Welt wieder für sich entscheiden, diesmal mit Pierluigi Martini, Joachim Winkelhock und Yannick Dalmas im 580 PS starken BMW V12 LMR. Man steigt im Jahr 2000 wieder in die Formel 1 ein mit dem BMW Williams F1.

Seit 2012 ist BMW werksseitig zurück im Tourenwagensport, und zwar bei den Deutschen Tourenwagen Masters. Gleich im ersten Jahr gewinnt BMW die Fahrer-, Team- und Herstellerwertung, 2013 noch den Hersteller-Titel, 2014 die Fahrer- und Teamwertung, 2015 die Herstellerwertung.

Heute engagiert sich BMW hauptsächlich in der Deutschen Tourenwagen Masters mit dem BMW M4 DTM, in der nordamerikanischen IMSA Sportscar Championship mit dem BMW M6 GTLM, liefert BMW M6 GT3 und den M235i Racing für den Kundensport, bietet den

Zwischen 1993 bis 1997 entstehen 106 Exemplare des McLaren F1, dessen von Motoren-Genie Paul Rosche entworfene 6,1-Liter-Zwölfzylinder bis zu 680 PS entwickeln.

Formel BMW FB02 für den Einstieg in den Formel-Sport an, stellt die M Safety Cars für die Rennserien DTM und Moto-GP sowie diverse i8 für die FIA Formula E Championship.

BMW in der Gegenwart

2015 erzielt die BMW-Motorradsparte zum fünften Mal in Folge einen Absatzrekord. Die Auslieferungen liegen 10,9 Prozent über dem Vorjahr, insgesamt werden 2015 137.000 Bikes verkauft. Es wird zusätzlich das sechste Rekordjahr in Folge für die gesamte BMW Group: 2.247.485 verkaufte Autos bedeuten ein Plus von 6,1 Prozent gegenüber dem Vorjahr.

Der Konzernumsatz steigt um 14,6 Prozent auf 92.175 Millionen Euro. Das Konzernergebnis vor Steuern legt um 5,9 Prozent auf 9,224 Milliarden Euro zu und knackt damit erstmals die Neun-Milliarden-Euro-Grenze. Der Konzernüberschuss steigt um zehn Prozent auf 6,396 Milliarden Euro und liegt damit erstmals bei mehr als sechs Milliarden.

2015 hat die BMW Group 122.244 Mitarbeiter, davon 111.410 im Automobilbereich, 3021 bei den Motorrädern und 7679 im Bereich Finanzdienstleistungen. BMW hat 4700 Auszubildende und besitzt 31 Produktionsstandorte in 14 Ländern.

Die jüngsten Zahlen belegen, wie gut BMW zurzeit aufgestellt ist: Im Mai 2016 liefert BMW 198.354 Autos aus, was ein Plus von 5,3 Prozent zum Vorjahresmonat bedeutet. Seit Januar legt damit der Absatz um fünf Prozent auf fast 797.457 Autos zu, auch Mini gewinnt: plus 5,2 Prozent. Bereits im April 2016 freut sich BMW über mehr als zwei Millionen verkaufte Fünfer der aktuellen Serie, insgesamt haben die Bayern seit dem Produktionsstart 1972 mehr als 7,5 Millionen Stück der Business-Limousine verkauft.

Das letzte Wort gehört dem aktuellen BMW-Vorstandsvorsitzenden Harald Krüger: „Die ständige Suche nach einer besseren Lösung liegt in unseren Genen", sagt er zum Auftakt der BMW-100-Jahr-Feier, „dieser Spirit spiegelt sich auch in der Art und Weise unsere Zusammenarbeit wider. Er zieht sich durch unsere Unternehmens- und Führungskultur."

Mit Innovationskraft und Visionen in die Zukunft: In diesem Sinne ist BMW bestrebt, die Mobilität und Fahrfreude immer wieder neu zu erfinden und so stets der Zeit etwas voraus zu sein.

BMW Dixi 3/15 DA1

Die Geschichte des ersten BMW-Autos beginnt in England: Der Brite Herbert Austin baut dort seit 1922 sehr erfolgreich den Kleinwagen Austin Seven. Die Gothaer Waggonfabrik in Eisenach (Rechtsnachfolger der „Fahrzeugwerke Eisenach" des Industriellen Heinrich Ehrhardt, der mit dem Wort „dixi" – „Ich habe gesprochen" – abtrat), schließt mit Austin einen Zehnjahres-Lizenzvertrag zum Bau des Seven ab. Sie hat bislang große Autos wie „Wartburg" und „Dixi" gebaut, kann diese aber wegen der Weltwirtschaftskrise nicht mehr absetzen. Den kleinen Engländer nennen sie natürlich wieder „Dixi".

Im Dezember 1927 werden die ersten Dixi – bis auf Linkslenkung kaum verändert – ausgeliefert. Am 16. November 1928 erwirbt BMW das Dixi-Werk samt Lizenz für zehn Millionen Reichsmark – und wird damit zum Autohersteller. Rückwirkend zum 1. Oktober werden die Dixi-Werke in „BMW-AG Zweigniederlassung Eisenach" umgetauft. BMW-intern heißt der Dixi „3/15 DA1" (DA steht für „Deutsche Ausführung"): Der Kleinwagen ist etwa 2,8 Meter lang und besitzt knapp zwei Meter Radstand. 15 PS müssen für 440 Kilo plus Insassen reichen. BMW baut immerhin 5307 Roadster (zum Preis von 2750 Reichsmark) und Tourenwagen (2800 Reichsmark). Und auch ein paar Bestattungsfahrzeuge auf 6/24PS-Chassis entstehen.

Technische Daten	BMW Dixi 3/15 DA1
Code	3/15
Bauart	Roadster, Tourenwagen
Bauzeite	1927 bis 1929
Motor	Vierzylinder/Reihe
Hubraum	748 cm³
Leistung	15 PS bei 3000/min
Getriebe	Dreigang-Handschalter
Antrieb	Hinterräder
Gewicht	440 kg
V_{max}	75 km/h

BMW 3/15 DA3 Wartburg

Vom Dixi entstehen diverse Ausführungen, sogar ein Dixi-Eil-Lieferwagen. Nach dem DA1 kommt Ende Juli 1929 der etwas längere DA2 (bis 1931) mit geänderter Hinterachsübersetzung, Vierradbremsen, verstellbaren Vordersitzen und starrer Vorderachse auf den Markt. Werbeslogan: „Innen größer als außen".

Tatsächlich kann BMW den stockenden Absatz des DA1 mit dem ersten echten BMW kurzfristig ankurbeln: Insgesamt 9381 Stück werden gebaut. Das macht mutig: Der schicke DA3 mit dem Namenszusatz „Wartburg" ist ein echter kleiner, zweisitziger Roadster zum Preis von 3100 Reichsmark. Drei PS stärker, zehn km/h schneller und natürlich auch eine ganze Ecke teurer als der DA2 – im Grunde der erste Sportwagen von BMW, auch wenn die Basis nicht selbst konstruiert ist. Es werden aber nur 150 Stück abgesetzt.

Die letzte Ausbaustufe ist die wiederum etwas größere DA4-Version (1931 bis 1932), die es auch als Roadster, Tourenwagen, Limousine, Coupé und Cabriolet gibt, aber wieder nur mit 15 PS. Doch auch dieses Auto ist der wieder erstarkenden Kundschaft bald zu klein.

Technische Daten	BMW 3/15 DA3 Wartburg
Code	3/15
Bauart	Roadster
Bauzeit	1930 bis 1931
Motor	Vierzylinder/Reihe
Hubraum	748 cm³
Leistung	18 PS bei 3500/min
Getriebe	Dreigang-Handschalter
Antrieb	Hinterräder
Gewicht	410 kg
V_{max}	85 km/h

BMW AM1 (3/20)

Nach fünf Jahren Bauzeit will kein Kunde mehr einen Dixi. BMW braucht also ein komplett neues Auto – und entwickelt selbstständig den AM1 („Ausführung München 1"), intern 3/20 (3 für die Steuer-PS – wobei ein Steuer-PS gleich 250 Kubik ist. Die 20 steht für die tatsächliche Leistung in PS). Den Lizenzvertrag mit Austin kann BMW-Chef Popp durch einen persönlichen Besuch in England vorzeitig auflösen. Die Karosserien baut nicht mehr Ambi-Budd wie bisher, sondern Daimler-Benz.

Das AM1-Cabriolet ist nun das teuerste Modell, es kostet 3260 Reichsmark, den Tourenwagen gibt es schon ab 2650 Reichsmark. Die Autos sind 3,2 Meter lang und verbrauchen rund 7,5 Liter Benzin auf 100 Kilometer. Der Motor ist ebenso wie das Modell eine komplette Neukonstruktion: Der Nockenwellenantrieb nutzt jetzt Rollenketten statt Stirnräder. Der Innenraum ist hochwertig – besonders ungewöhnlich ist der Tachometer: Statt eines Rundinstrumentes arbeitet hinter Glas eine Walze, die die Geschwindigkeit anzeigt.

Als Fehlkonstruktion stellt sich jedoch alsbald die Vorderachse heraus, die an einer Querblattfeder aufgehängt ist. Kunden beschweren sich über „flattern" und mangelnde Spurtreue. Die AM-Reihe führt BMW fort bis zum AM4, der schließlich über ein Vierganggetriebe verfügt.

Technische Daten	BMW AM1 (3/20)
Code	3/20
Bauart	Roadster, Tourenwagen, Limousine, Cabriolet
Bauzeit	1932
Motor	Vierzylinder/Reihe
Hubraum	782 cm³
Leistung	20 PS bei 3500/min
Getriebe	Dreigang-Handschalter
Antrieb	Hinterräder
Gewicht	580 kg (Tourenwagen)
V_{max}	80 km/h

BMW 303

Der BMW 303 ist der Urvater aller BMW-Sechszylindermodelle. Zur Zeit der Weltwirtschaftskrise rücken immer mehr Kleinwagenkarosserien in die Oberklasse vor, da sind sechs Töpfe unsichtbarer Luxus. Der 303 trägt als erster BMW stolz die Niere vor sich her – zunächst nur als zweiteiliger Grill.

Das Auto ist von Grund auf neu konstruiert, fast vier Meter lang und wird von 30 PS befeuert. Die Gänge 3 und 4 sind bereits synchronisiert, der Wendekreis beträgt elf Meter. Genau 2300 Stück werden gebaut, wie bei den AM-Modellen wieder mit Karosserien von Daimler-Benz. Die Limousine kostet 3600 Reichsmark, das Cabriolet 4400 Reichsmark.

Die Kunden loben den seidenweichen Motorlauf, die schiere Kraft und die guten Fahreigenschaften. Ein Grund dafür ist, dass der 303 im Vergleich zur Konkurrenz von Wanderer und Adler volle 200 Kilo weniger wiegt. Weil mit dem recht teuren und luxuriösen Auto aber die Stammkundschaft wegbricht, nimmt BMW zusätzlich die robuste Vierzylinder-Maschine aus dem AM4, bohrt sie auf 845 Kubik auf und setzt sie in die 303-Karosserie als Nachfolger vom 3/20. Damit nutzt BMW erstmals und nach Opel als zweiter deutscher Hersteller das wirtschaftliche Baukasten-System.

Technische Daten	**BMW 303**
Code	303
Bauart	Limousine, Cabriolet
Bauzeit	1933 bis 1934
Motor	Sechszylinder/Reihe
Hubraum	1173 cm^3
Leistung	30 PS bei 4000/min
Getriebe	Viergang-Handschalter
Antrieb	Hinterräder
Gewicht	800/820 kg
V_{max}	90/95 km/h

BMW 315/1

Ab April 1933 müssen die Besitzer neu zugelassener Autos und Motorräder keine Steuern mehr bezahlen – also fragen die Kunden plötzlich wieder nach einer Mittelklasse. So stellt BMW den 315 auf die Räder – fortschrittlich, mit nach hinten öffnenden Türen. Ein stabiler Rohrrahmen sorgt für sichere Straßenlage. Der zweisitzige Roadster ist ein von der 315-Limousine abgeleiteter Sportwagen mit kürzerer Außenlänge – er misst nur 3,8 Meter. Der Motor ist sechs PS stärker, erreicht durch eine höhere Verdichtung und mit drei statt nur zwei Vergasern. Der deutsche Kronprinz wählt den 5200 Reichsmark teuren 315/1 zu seinem Lieblingswagen. Jedes neue Exemplar wird 500 Kilometer Probe gefahren. Sein Debüt feiert der Wagen bei der „Internationalen Alpenfahrt" 1934 – und er gewinnt.

Zwar werden nur 243 Stück gebaut, aber mit diesem Modell gelingt BMW der Einstieg in den Motorsport: Der 315/1 ist die Antwort auf die englischen Sportroadster. Die Manager der englischen Marke Fraser-Nash sind so beeindruckt von dem Auto, dass sie um die Erlaubnis für einen Lizenzbau bitten. Sie erhalten sie – und bauen exakt dieses Auto nun auch in England. Aus Zollgründen werden die Einzelteile nach England verschifft und erst dort zusammengebaut. Das Propeller-Symbol umrahmt den Schriftzug „Frazer-Nash-BMW".

Technische Daten	**BMW 315/1**
Code	315/1
Bauart	Roadster
Bauzeit	1934 bis 1935
Motor	Sechszylinder/Reihe
Hubraum	1490 cm^3
Leistung	40 PS bei 4300/min
Getriebe	Viergang-Handschalter
Antrieb	Hinterräder
Gewicht	750 kg
V_{max}	120/125 km/h

BMW 326

Der BMW 326 ist ein von Grund auf neues Modell aus dem Jahr 1936 mit dem modifizierten Motor aus dem BMW 319 (drei Jahre später folgt ein Facelift, zu erkennen an der nun durchgehenden Frontstoßstange). Der Grill liegt flach, die Karosserie ist stromlinienförmig. Die Vorderräder hängen an doppelten Dreiecksquerlenkern mit Drehstäben, hinten gibt es eine Starrachsen mit Drehstäben – ein Porsche-Patent, weswegen BMW Lizenzgebühren nach Stuttgart überweisen muss. Der Sechszylinder leistet jetzt 50 PS, dritter und vierter Gang sind wie bisher synchronisiert. Die Bremsen funktionieren hydraulisch. Der bislang übliche Holzrahmen wird nun von einem Blechrahmen ersetzt, auch wenn Opel bereits noch fortschrittlicher ist und mit dem selbsttragenden Ganzstahlaufbau beginnt.

Die neue Konstruktion führt allerdings zum Bruch mit Daimler-Benz: Die Stuttgarter wollen keine Stahlblechkarosserien bauen – sie wittern Konkurrenz. Ambi-Budd in Berlin übernimmt die Herstellung der Karosserien. Den 5500 Reichsmark teuren 326 präsentiert BMW auf der IAA in Berlin: Die Fachpresse hält ihn für das modernste Zweiliter-Auto Europas, und tatsächlich wird er zum Vorkriegs-Bestseller mit 15.936 Exemplaren.

Er sprintet in 34 Sekunden von 0 auf 100 km/h und zeigt sich mit einer Länge von 4,6 Metern deutlich repräsentativ. Die Öldruckbremse ist endlich zeitgemäß. Es gibt das Auto auch als viertüriges Cabrio für 7300 Reichsmark – mit Kurbelfenstern, Klappverdeck und erstmals bei BMW in den Kotflügeln eingelassenen Scheinwerfern bekommt es die Bezeichnung BMW 327. Die Werbung preist übrigens die Einbaumöglichkeit eines „Super-Rundfunkempfängers".

Technische Daten	BMW 326
Code	326
Bauart	Limousine, 2- und 4-türiges Cabriolet
Bauzeit	1936 bis 1941
Motor	Sechszylinder/Reihe
Hubraum	1971 cm^3
Leistung	50 PS bei 3750/min
Getriebe	Viergang-Handschalter
Antrieb	Hinterräder
Gewicht	1125 kg
V_{max}	ca. 118 km/h

BMW 328

Die Stammkundschaft von BMW mag den 326 – aber wirklich sportlich finden sie ihn nicht. BMW reagiert und baut ab 1936 den später legendären BMW 328. Der gilt bei eingefleischten Fans heute als attraktivster und erfolgreichster Sportwagen überhaupt. Sicher ist: Zu seiner Zeit ist er der schnellste Zweiliter-Serienwagen Europas und das erste in Serie gebaute Auto mit Leichtmetall-Zylinderkopf.

Die BMW-Konstrukteure Rudolf Schleicher und Fritz Fiedler stellen ihn in kürzester Zeit auf die Räder – mit fast avantgardistischer Technik: Rohrrahmen-Fahrgestell, Sechszylinder mit Leichtmetall-Kopf und neu entwickeltem Ventiltrieb über Stoßstangen und Kipphebel, drei Solex-Fallstromvergaser – eine revolutionäre Konstruktion für überlegene Leistung. Das Auto überzeugt mit 80 PS und 150 km/h Spitze, der Sprint gelingt in zwölf Sekunden. Ein Verbrauch von etwa 14 Litern pro 100 Kilometern stört niemanden, die Zentralverschlussräder gelten als Nonplusultra.

Der BMW 328 räumt auf den Rennstrecken viele Preise ab und wird Basis für das Image von BMW als Erbauer von Sportlichkeit und Dynamik. 1936 taucht das Auto erstmals beim Eifelrennen auf dem Nürburgring auf – und gewinnt sofort mit Ernst Jakob Henne am Steuer die Klasse der Sportwagen bis 2000 cm^3. Auch fast alle Kunden setzen ihr Exemplar bei kleinen und großen Rennevents ein, weswegen BMW bald alle Rennen dominiert. Allerdings werden nur 464 Exemplare gebaut – 7400 Reichsmark können nicht viele für so ein Spielzeug ausgeben.

Technische Daten	BMW 328
Code	328
Bauart	Roadster
Bauzeit	1937 bis 1940
Motor	Sechszylinder/Reihe
Hubraum	1971 cm^3
Leistung	80 PS bei 5000/min
Getriebe	Viergang-Handschalter
Antrieb	Hinterräder
Gewicht	820 kg
V_{max}	150 km/h

BMW 327

Der schnittige 327 ist eine Sportversion auf Basis des 326, der Radstand ist um 100 Millimeter kürzer. Das Modell kommt zuerst als Cabriolet, die Karosserie baut Autenrieth in Darmstadt. Knapp ein Jahr später bietet BMW den 327 auch als Coupé an (für dessen Karosserie Ambi-Budd in Berlin verantwortlich ist). Der Grund für die zeitliche Verzögerung: Die Erprobungsfahrt durch den Balkan – nötig, da bislang nur wenig Erfahrungen mit Coupé-Varianten vorhanden sind – verzögert sich, weil ein Schneesturm den Konvoi lange aufhält und damit auch die Fertigstellung.

Klares Erkennungsmerkmal des 327: Die Scheinwerfer sind bei beiden Varianten jetzt in die Karosserie eingelassen. Technisch dominiert ein Zweiliter-Vierzylinder mit 55 PS, der für den Sprint von 0 auf 100 km/h in 34 Sekunden sorgt. Das ist zu diesem Zeitpunkt recht sportlich, ebenso die mögliche Höchstgeschwindigkeit von 125 km/h. Bis 1938 stattet BMW das Auto mit einem teilsynchronisierten Vierganggetriebe aus (Freilauf im 1. und 2. Gang), 3. und 4. Gang sind vollsynchronisiert. Gut 1300 Exemplare finden zufriedene Abnehmer für 7450 (Coupé) und 7500 (Cabriolet) Reichsmark.

Technische Daten	BMW 327
Code	327
Bauart	Coupé, Cabriolet
Bauzeit	1937 bis 1941
Motor	Sechszylinder/Reihe
Hubraum	1971 cm³
Leistung	55 PS bei 4500/min
Getriebe	Viergang-Handschalter
Antrieb	Hinterräder
Gewicht	1100 kg
V_{max}	125 km/h

Das BMW-Emblem – Entstehung und Bedeutung

Das blau-weiße BMW-Logo kennt so ziemlich jeder – die Herkunft auch? Geläufig ist die Legende des rotierenden Propellers gemeinsam mit gleißendem Sonnenlicht und blauem Himmel. Tatsächlich stammt diese Deutung erst aus dem Jahr 1942, als der damalige Presseleiter Wilhelm Farrenkopf genau diese „Propeller-Erklärung" in der BMW-Werkszeitschrift blumig ausschmückt: „ …320 PS sind es, die in diesem BMW-Motor … auf ihre Entfaltung beim Start warten. Wie ein strahlender Glorienschein umgibt die glänzende Scheibe der laufenden Luftschraube das Schattenbild des Motors, der den Blick des Flugzeugbauers gefesselt hat, und teilt sich in zwei silberne Kegel, das Sonnenlicht zurückstrahlend. Zwischen ihnen schimmert leuchtend das Blau des Himmels durch, so dass die gleißende Fläche der laufenden Luftschraube sich dem sinnenden Techniker in vier silbernen und blauen Feldern zeigt … sieht er im Geiste auch die drei verheißungsvollen Buchstaben B M W im spiegelnden Bild der Luftschraube. Dieser Eindruck fesselt ihn immer mehr, und immer wieder sieht er die Buchstaben im laufenden Propeller, bis dieses Bild in einer Skizze bleibende Gestalt annimmt und als Firmenzeichen seine Geburt erlebt."

An dieser glorifizierenden Darstellung gibt es allerdings mehrere Haken. Erstens: Der erste Flugmotor lief erst später. Zweitens: Er besaß 185 statt 320 PS – so viel Kraft gab es erst 1927. Drittens beschreibt Farrenkopf die Wirkung eines Bauteils, das gar nicht von BMW hergestellt wurde – die des Propellers. Und viertens wird das so erklärte Markenzeichen erst zwölf Jahre nach seiner angeblichen Geburt wieder benutzt – auf dem Titelblatt der BMW Flugmotorennachrichten 1929. Hinzu kommt: Im ersten Inserat der neuen Firma Bayerische Motoren Werke GmbH vom Juli 1917 taucht noch kein Logo auf – weil es noch nicht existiert. Dessen Anmeldung erfolgt erst am 5. Oktober 1917. Zudem vermerkt das Warenzeichenblatt des Kaiserlichen Patentamtes für BMW den Betrieb als „Motorenwerk" für ein großes Produktportfolio und nicht nur für Flugmotoren, so dass ein Emblem, das ausschließlich auf die Fliegerbranche hinweist, wenig wahrscheinlich ist.

Bemerkenswert aber ist die Verwandtschaft des runden BMW-Logos mit dem ebenfalls runden Zeichen der Vorgängerfirma „Rapp Motorenwerke". Das besteht aus einem schwarzen Ring mit weißen Doppelstreifen samt dem Kopf eines Rappens in der Mitte. Die Streifen werden unterbrochen von den Worten „Rapp" oben und „Motor" unten. Das BMW-Logo ist ähnlich aufgebaut: Ein schwarzer Ring umschließt das Zeichen, in der Mitte vier Sektoren mit den bayerischen Landesfarben – allerdings „gespiegelt", vermutlich aus markenrechtlichen Gründen. Denn damals ist es verboten, staatliche Hoheitszeichen in Warenzeichen zu benutzen. Für die Landesfarben-Theorie spricht übrigens auch, dass die Firma ursprünglich „Bayern-Motor" heißen soll, was das Patentamt als Firmenname aber ablehnt.

BMW 328 Kamm Rennlimousine

Um 1940 bei der Mille Miglia erfolgreich zu sein, beauftragt BMW den befreundeten Aerodynamik-Professor Wunibald Kamm mit dem Bau einer geschlossenen Karosserie in Stromlinienform für den BMW 328. Er liefert zwei Exemplare, beides sind Coupés mit langer Karosserie, tiefer Niere, waagerechten Lufteinlassschlitzen und herumgezogener Windschutzscheibe – nur die Heckpartien unterscheiden sich. Das Modell mit dem Kombi-Heck erweist sich schnell als zu instabil bei Seitenwind, die auch „Kamm Rennlimousine" genannte Variante kommt zum Einsatz.

Dessen Gitterrohrrahmen besteht aus Elektron und wiegt nur 30 Kilo. Damit er auf das Fahrgestell eines 328 passt, wird die Basis um 20 Zentimeter verlängert. Mit der von Spengler Willi Huber gedengelten und von Kamm entworfenen Alu-Karosserie ist das Auto mit 760 Kilo sogar leichter als der Roadster. Der C_W-Wert wird mit sensationellen 0,25 angegeben, die Höchstgeschwindigkeit liegt bei 230 km/h. Unter der Haube arbeitet ein Zweiliter-Sechszylinder-Reihenmotor mit 136 PS bei 6000 Umdrehungen pro Minute.

Bei der Mille Miglia 1940 kommt der Wagen allerdings wegen eines technischen Defektes nicht am Ziel an. Den einzigen Sieg, den das Kamm-Coupé einfahren kann, schafft Karl Kling 1947 bei einem Rundstreckenrennen auf dem Hockenheimring.

Zählt zu den Höhepunkten beim Concorso d'Eleganza Villa d'Este 2010: das BMW 328 Kamm Coupé. Zusammen mit dem 328 Coupé von Touring peilt man damals 1940 den Sieg bei der Mille Miglia an (siehe auch Seite 29).

Prinz Max zu Schaumburg-Lippe und Fritz Hans Wenscher belegen in Le Mans 1939 als bester BMW 328 Platz 5 mit 10 Runden Rückstand auf den Sieger Jean-Pierre Wimille auf Bugatti 57C Tank, der zusammen mit Pierre Veyron in 24 Stunden 248 Runden zurücklegt.

Stromliniencoupé BMW 328 Le Mans

Die ehrgeizige Nazi-Führung ist 1939 genervt, weil drei BMW 328 bei einem Rennen in der italienische Kolonie Libyen nur der Klassensieg in der Zweiliter-Klasse mit einem Schnitt von 140 km/h gelingt – das Gesamtklassement hat sich Alfa Romeo mit 141,5 km/h gesichert. Der Führer des Nationalsozialistischen Kraftfahrkorps, Adolf Hühnlein, fordert von BMW deswegen für das nächste große Rennen – Le Mans 1939 – geschlossene Wagen.

So baut BMW auf Basis des 328 ein ganz leichtes Chassis, Touring in Mailand schneidert dazu eine Karosserie aus „Ital-lumag" – eine Legierung aus Aluminium und Magnesium – in Coupé-Pontonform. BMW bestellt gleichzeitig bei Touring zwei Roadster mit langen Kotflügeln und winziger Windschutzscheibe. Im Juni 1939 starten die drei Renwagen in Le Mans. Alle drei Wagen erreichen das Ziel, das Touring-Coupé wird als bester BMW immerhin Gesamt-Fünfter. Es legt in 24 Stunden 3188,4 Kilometer zurück – neuer Rekord in der Zweiliter-Klasse.

Das 328 Coupé von Touring (im Bild eine Replica) gewinnt den „Gran Premio Brescia delle Mille Miglia" des Jahres 1940. Am 28. April fahren Huschke von Hanstein und Walter Bäumer als erste über die Ziellinie.

Stromliniencoupé BMW 328 Touring Mille Miglia

Aufgrund des Erfolges in Le Mans starten die BMW auch bei der Mille Miglia im Frühjahr 1940. Adolf Hitler persönlich fordert von Entwicklungschef Rudolf Schleicher und Ingenieur Ernst Loof in der Reichskanzlei nichts anderes als den Sieg. So verkleidet BMW die Hinterräder des Le-Mans-Touring-Coupés, zusätzlich stehen drei Touring-Roadster zum Start bereit.

So gehen letztlich zwei Coupés (Kamm und Touring) sowie drei Roadster mit ultraleichter Stromlinien-Karosserie von Autenrieth zusammen mit 45 Konkurrenten am 28. April 1940 an den Start. Die Zweilitermotoren leisten dank Modifikationen nun 135 PS. Damit sind die BMW um zehn PS stärker und um 300 Kilo leichter als die favorisierten Alfa Romeo. Der BMW-Erfolg gelingt fast komplett: Alle Wagen zusammen gewinnen den Mannschaftspreis, BMW wird mit dem Touring-Coupé Gesamtsieger aller Klassen mit einem Durchschnittstempo von 166,723 km/h in acht Stunden, 54 Minuten und 46 Sekunden (am Steuer Huschke von Hanstein und Walter Bäumer). Die Roadster werden Dritter (am Steuer Adolf Brudes und Ralph Roese, 9 Stunden, 13 Minuten, 27 Sekunden, Fünfter (Willi Briem und Ulrich Richter, 9 Stunden, 16 Minuten, 8 Sekunden) und Sechster (Hans Wencher und Rudolf Scholz, 9 Stunden, 17 Minuten, 15 Sekunden).

M JD 7503H

Kapitel 2

Aufstieg aus Ruinen

Auch wenn für viele Bundesbürger ein Automobil noch unerschwinglich ist, so kommen im April 1951 570.000 Besucher zur 34. IAA in Frankfurt am Main. BMW präsentiert hier den 501.

Vom Luxus zur Masse

1951 ist die Bundesrepublik im Umbruch: In Deutschland fahren bereits 2,5 Millionen Autos, das Kraftfahrtbundesamt wird gegründet, die Hauptuntersuchung eingeführt. Ein Liter Benzin kostet 64,5 Pfennige, und die Menschen staunen über einen gewissen Luigi Fagioli – der ist 53 Jahre alt und gewinnt den Grand Prix von Frankreich. Nie wieder wird ein GP-Sieger älter sein.

Und während in England Fraser-Nash weiterhin BMW-Autos baut, trauert die Republik um August Horch und Ferdinand Porsche, freut sich aber über den Start der Goggomobil-Produktion, die eine Landmaschinenfirma namens Hans Glas GmbH aus Dingolfing verantwortet.

BMW indes würde bereits seit 1949 am liebsten ein kleines Auto in Serie bauen – momentan muss man sich mit Luxusautos über Wasser halten und plant daneben den Bau eines dieser beliebten neuen Motorroller. Der R 10, aus dem am Ende nichts wird, soll 10 PS und Kardanantrieb haben. Für die massenhafte Fertigung von Autos müsste BMW zu viel investieren. Also bleibt der Bau handgemachter großer und teurer Autos in wenigen Exemplaren, etwa des 501.

In den folgenden Jahren kommt Fahrt in die Autobranche: 1952 erhält der Ingenieur Béla Barényi ein Patent auf die Knautschzone, die Reifenmarke Continental bringt den ersten Matsch+Schnee-Reifen. Spieleherstellersteller ASS erfreut die Kids mit dem ersten Autoquartett in Deutschland, die Fernsehmacher die Nation mit der ersten Sendung am 25. Dezember. BMW schlägt sich unterdessen mit den neuen Eignern in Eisenach herum und verbietet die Bezeichnung BMW auf den 326 der Eisenacher Motoren-Werke. Die finden das nicht so schlimm und bringen ihre Produkte als EMW 340 auf den Markt. Das verbessert allerdings nicht die Geschäftslage bei BMW – die Bayern verdienen nicht genug mit ihren teuren handgemachten Autos.

Beitrag zur Massenmobilisierung: Mit dem Einzylinder-Motor der BMW R25 fährt sich die Isetta in das Herz der Kundschaft. In sieben Jahren Bauzeit werden über 161.000 Einheiten der 250er und 300er Version verkauft.

1953 wird der Druck auf BMW, einen Kleinwagen zu bauen, größer – zumal die Verantwortlichen sehen, wie etwa der Messerschmitt-Kabinenroller beim Volk ankommt. Ausgerechnet jetzt werden alle Tempolimits in der jungen Republik abgeschafft. Dafür wird immerhin erkannt, dass betrunkene Autofahrer ein Risiko sind. Folgerichtig wird die erste Promille-Grenze eingeführt. Sie fällt mit einem Wert von 1,5 für heutige Maßstäbe allerdings recht moderat aus.

Ein Jahr später führt Duisburg die ersten Parkographen ein, die später als Parkuhren die gesamte Nation nerven werden. Franz Josef Popp, der erste BMW-Chef, stirbt am 27. Juli 1954 – er bekommt nicht mehr mit, wie BMW auf dem Genfer Salon das Coupé Isetta von ISO Moto entdeckt und es bald als Ersatz für Motorrad-Gespanne auf den Markt bringt: Die Münchner erwerben die Lizenz und dazu die passenden Presswerkzeuge für die Fertigung.

1955 wird die Branche verheerend getroffen von zwei schlimmen Ereignissen: Am 1. Oktober findet die größte Katastrophe im Motorsport statt: Das Desaster bei den 24 Stunden von Le Mans fordert 85 Menschenleben. Für viele nicht weniger dramatisch ist der Unfalltod des aufstrebenden Jungschauspielers James Dean am 2. Oktober in Kalifornien in einem Porsche 550 Spyder. Da tröstet es nur wenig, dass der bayerische Rundfunk in diesem Jahr die allerersten Verkehrsnachrichten sendet und der BMW 501 als allererstes Auto eine Automatikantenne besitzt, über die man diese Nachrichten auch empfangen kann.

Ein Desaster der anderen Art muss BMW in jenem Jahr verkraften: BMW lässt bei Ghia-Aigle in der Schweiz zwei Pullman-Limousinen vom 3,2-Liter-Modell mit sämtlichem Luxus fertigen und nennt sie BMW 505. Im Hinterkopf haben sie einen Marketingcoup: Bundeskanzler Konrad Adenauer, der eigentlich immer im Mercedes-Benz 300 gefahren wird, soll zur Probefahrt kommen – und wenn der erste Mann der Republik zu BMW greift, würden das andere Leute sicherlich auch tun. Adenauer testet tatsächlich das Luxusgefährt im Fond – beim Aussteigen stößt er sich allerdings den Hut vom Kopf. Laut Legende soll das der Grund sein, warum Adenauer schließlich weiterhin Mercedes präferiert.

Aber die Welt dreht sich weiter. 1956 ist Deutschland bereits weltweit größter Auto-Exporteur, die ersten Autoreisezüge rattern durch das Land. Im Januar beginnt in Eisenach der Bau des Wartburg 311 – frühere Bezeichnung EMW 311. BMW sitzt unterdessen tief in den roten Zahlen: Die Bilanz weist 11,3 Millionen Mark Verlust aus. Der ist nur gedeckt durch den Erlös aus dem Verkauf des Werkes Allach. Es bleibt ein Verlust von 100.000 Mark. Daraufhin beginnt der Großindustrielle Herbert Quandt, BMW-Aktien zu kaufen – was später die Rettung für die Bayern bedeuten wird.

Doch zunächst geht es dem Unternehmen schlecht. 1957 wird BMW-Chef Kurt Donath ersetzt durch Dr. Heinrich Richter-Brohm. Der Jurist wird erster „Generaldirektor" und wirft der bisherigen Führung vor, nicht gut gearbeitet zu haben: Von 1952 bis 1957 habe Mercedes-Benz 52.200 Sechszylinderautos verkauft, BMW aber nur 10.100. Man habe auf jedes verkaufte Auto 5000 Mark draufgelegt und somit einen Verlust von 60 Millionen Mark erwirtschaftet. Die Motorradsparte habe zwar 57 Millionen eingebracht, aber davon bleibe nichts übrig.

Richter-Brohm fordert vehement ein Mittelklasseauto mit 80 PS und vier Sitzen. Um das finanzieren zu können, braucht er allerdings einen preiswerten Kleinwagen mit vier Sitzen. Das wird letztlich die viersitzige Isetta, der BMW 600. Aber die Konkurrenz ist groß – alleine in Deutschland bauen 18 Hersteller Wagen aller Art.

1958 ist Deutschland mit 1,3 Millionen Autos zweitgrößter Autoproduzent nach den USA, was keine Erklärung dafür ist, dass hierzulande die Verkehrssünderkartei ihre Arbeit aufnimmt.

Herbert Quandt, hier im Gespräch mit BMW-Betriebsratschef Kurt Golda (li), und sein Bruder Harald tragen maßgeblich zur Zukunftssicherung des Unternehmens bei.

Schicksalsstunde am 9. Dezember 1959: Dank der Kleinaktionäre scheitert der Versuch von Daimler-Benz und Deutsche Bank, BMW zu übernehmen.

Das ist fast so schlimm wie das, was Formel-1-Rennfahrer Juan Manuel Fangio in Havanna widerfährt: Der Star wird für 28 Stunden von Rebellen entführt, die damit die Armut im Land anprangern wollen.

Mit Armut anderer Art muss sich BMW 1959 beschäftigen: Am 9. Dezember soll die Hauptversammlung über die Liquidierung von BMW richten. Es besteht die Gefahr der Sanierung auf Kosten der Kleinaktionäre. Laut Plan der Deutschen Bank soll BMW das Grundkapital von 30 auf 15 Millionen Mark reduzieren – jede 100-Mark-Aktie wäre somit nur noch 50 Mark wert. Dann soll das Stammkapital durch den Verkauf neuer Wertpapiere um 70 bis 85 Millionen Mark herabgesetzt werden. Diese Papiere sollten aber innerhalb einer bestimmten Zeit nur von wenigen privilegierten Unternehmen gekauft werden können, darunter natürlich die Deutsche Bank – und Daimler-Benz, wobei die Firma zu 20 Prozent der Deutschen Bank gehört.

Das passt der Schutzgemeinschaft der Kleinaktionäre überhaupt nicht – sie ruft alle Betroffenen auf, zur Versammlung zu kommen, um ihr Stimmrecht wahrzunehmen. Das Ergebnis: Die Kleinaktionäre schaffen es, die Sitzung zu vertagen wegen eines Fehlers in der Jahresverlust-Rechnung. So läuft automatisch das Daimler-Benz-Ultimatum ab, und BMW bleibt selbstständig. Das fehlende Geld kommt daraufhin von den Großaktionären Herbert und Harald Quandt, die schon lange Aktienpakete aufkauften, um Daimler-Benz-Großaktionär Friedrich Flick auszuhebeln.

Nebenbei: In diesem Jahr nimmt die Polizei die ersten Radarmessungen als Tempokontrolle vor. 1960 besitzen bereits sechs Prozent aller Deutschen ein Auto, jeder Deutsche verbraucht pro Woche 19 Liter Benzin. Und kaum ist die BMW AG aus der schlimmsten Krise seit Gründung heraus, muss sie sich Sprüche über ihr Portfolio gefallen lassen: „BMW baut Autos für Bankdirektoren und Tagelöhner" ist einer von ihnen. Grund: kein Mittelklassemodell im Programm.

Gut betuchter Familienausflug: Die teuren Luxusmodelle 501 und 502 finden verhältnismäßig wenig Käufer. Die Rufe werden lauter, die BMW dazu auffordern, endlich das Mittelklasse-Segment zu besetzen …

BMW 501

Will BMW nach den Kriegswirren überleben, muss ein völlig neues Auto her – zumindest optisch. Vorgabe: geschwungene Kotflügel als Traditionsmerkmal und Erinnerung an die 30er Jahre, eine viertürige Limousine mit Rahmen (nicht selbsttragend) und eine Karosserie aus Aluminium. In Italien entwerfen Michelotti und Pinin Farina für BMW Autos – beide Vorschläge fallen allerdings durch. Der eigene Entwurf aus dem Werk gewinnt und bekommt den Namen BMW 501 – eine dreistellige Typenbezeichnung aus der Tradition der Vorkriegszeit.

Der 501 gerät mit einer Länge von 4730 Millimetern ganz schön groß. Der Motor basiert noch auf dem Zweiliter-Sechszylinder des BMW 326 – BMW hat noch einige Ersatzblöcke auf Lager. Im April 1951 gelingt das Debüt auf der IAA – dass das Auto in absolut unfertigem Zustand ausgestellt wird, merkt niemand. Der Preis wird mit sehr selbstbewussten 15.150 Mark angegeben – der normale deutsche Arbeiter verdient zu dieser Zeit gerade mal 300 Mark im Monat. Erst im Oktober 1952 beginnt die Serienproduktion.

Die Kunden loben alsbald das Ploppen der Türen und den leisen Innenraum, halten das Auto aber für etwas behäbig – kein Wunder bei 65 PS für knapp 1,3 Tonnen Wagengewicht. Wegen der ausladenden Kotflügel bekommt das Modell schnell einen Kosenamen: „Barockengel". 1708 Stück der ersten Version werden gebaut. 1954 folgt der aufgewertete 501/2. Jetzt haben 72 PS ein bisschen weniger Mühe, was immerhin für ein Top-Tempo von 145 km/h reicht. Den 501/2 gibt es als Limousine in Standard- (B) und Luxusausführung (A) sowie als Coupé, als vier- und als zweitüriges Cabriolet (jeweils nur Luxusausführung A). Die offenen Karosserien und die Coupés kommen von Baur.

Im Laufe der Bauzeit (bis 1955) werden die Autos billiger: Die Luxusausführung kostet im März 1954 noch 14.180 Mark, im August 1954 nur noch 13.150. Vom 501/2 werden insgesamt 3622 Stück gebaut. Schließlich stellt BMW auch noch den 501/3 her – äußerlich unverändert, aber mit 2077 Kubik großem Reihensechszylinder, größerem Drehmoment, vergrößerter Bremsfläche und verschiedenen Achsübersetzungen. Davon werden von 1955 bis 1958 noch einmal 4645 Stück gebaut.

Technische Daten	**BMW 501**
Code	501
Bauart	Limousine, Coupé, 2- und 4-türiges Cabriolet
Bauzeit	1952 bis 1958
Motor	Sechszylinder/Reihe
Hubraum	1971 cm^3
Leistung	65 PS bei 4400/min
Getriebe	Viergang-Handschalter
Antrieb	Hinterräder
Gewicht	1285 kg
V_{max}	138 km/h

BMW 502 V8

Die Gewinner des jungen deutschen Wirtschaftswunders fordern immer mehr von BMW – und bekommen es 1954 in Form des BMW 502 V8. Dessen 2,6-Liter-V8 besitzt einen Aluminium-Block, der Antrieb wird durch neue Getriebeübersetzungen aufgewertet. Zusätzlich buhlen die Bayern mit einem größeren Tank, breiteren Reifen und größeren Bremsen um die Kunden. Nachteil: Wiederum höheres Gewicht – satte 80 Kilo kommen hinzu. Von außen ist der Motortyp nur am V8-Zeichen auf dem Kofferraum zu erkennen sowie durch eine Chromleiste unter der Fensterkante. Nur 461 Stück werden zunächst gebaut, Stückpreis 17.850 Mark.

Beim Facelift 1955 fällt im Modellnamen der Hinweis „V8“ weg. Als 502 besitzt er jetzt 95 PS, eine bessere Ausstattung und ab 1958 eine größere Heckscheibe. Ab Oktober 1955 gibt es den 502 sogar mit 3168 Kubikzentimeter großem Achtzylinder, der 120 PS leistet.

Technische Daten	BMW 502 V8
Code	502
Bauart	Limousine, Coupé, 2- und 4-türiges Cabriolet
Bauzeit	1954 bis 1963
Motor	V8
Hubraum	2580 cm^3
Leistung	95 PS bei 4800/min
Getriebe	Viergang-Handschalter
Antrieb	Hinterräder
Gewicht	1365 kg
V_{max}	160 km/h

1961 kommt die nächste Namensänderung. Aus dem 502 wird nun der 140 PS starke BMW 3200 L. Der Achtzylinder BMW 2600 hat nun 100 statt 95 PS und mehr Drehmoment sowie Scheibenbremsen mit Bremshilfe. Auch diese Version gibt es als „L“, was noch mehr Luxus und 110 PS bedeutet.

Schließlich gibt es die Bauform von 1957 bis 1964 auch noch als BMW 502 Super (ab 1958: 3200 S). Die Limousine wird mit schließlich 21.240 Mark das teuerste Modell aus dieser frühen Fünfer-Reihe, dafür überzeugt sie mit 140 PS (3200 S: 160 PS), Lenkradschaltung, vollsynchronisiertem Vierganggetriebe, einer Spitzengeschwindigkeit von 180 km/h und dem Sprintvermögen von 0 auf 100 km/h in 14 Sekunden. Insgesamt werden 2085 BMW 502 Super und 3200 Super auf die Räder gestellt.

Technische Daten	BMW Isetta 250
Code	100
Bauart	Coupé
Bauzeit	1955 bis 1962
Motor	Einzylinder
Hubraum	245 cm^3
Leistung	12 PS bei 5800/min
Getriebe	Viergang mit Klauenschaltung
Antrieb	Hinterräder
Gewicht	350 kg
V_{max}	85 km/h

BMW Isetta 250

Nicht jeder Deutsche kann sich im Wirtschaftswunder einen großen BMW leisten – aber den Umstieg von einem Motorrad oder -roller wünschen sich viele. So schaut sich BMW erneut nach Möglichkeiten des Kleinwagenbaus um und wird in Italien fündig: ISO baut mit mäßigem Erfolg einen Zweisitzer mit breiter Spur vorne und schmaler hinten. Der vollständige Name: ISO Moto-Coupé Isetta. BMW sichert sich die Lizenz, entledigt sich des 326-Kubik-Zweitakter-Doppelkolbenmotors und ersetzt ihn durch einen 245-Kubik-Viertakter aus der BMW R25. Das bedeutet mit Gebläsekühlung 12 PS. Weitere Änderungen: 80 Millimeter Federweg statt 30 und die Scheinwerfer wandern aus der Tiefe nach oben auf die Karosserie. Und dann bieten sie das nur 2,28 Meter lange Gefährt mit der Fronttür und einer vorderen Spurweite von 1,2 Metern und einer hinteren von 520 Millimetern für 2580 Mark an.

Die Kunden sind begeistert von der abknickenden Lenksäule beim Einstieg, von der Querparkmöglichkeit und dem Ausstieg direkt am Bordstein und nennen das Vehikel bald neckisch „Knutschkugel". Als Isetta 300 kommt das gehobene Modell im Februar 1956 auf den Markt – um genau ein PS stärker und mit etwas mehr Drehmoment. Im März 1956 kostet der 300er 2886 Mark. Als „Export 57" kann man das Kleinstauto auch mit etwas mehr Luxus und Schiebefenstern bekommen. Das Symbol des Wirtschaftswunders wird bis 1962 genau 160.123 Mal gebaut. Auch als Pritschenwagen.

BMW 503

Nicht jeder solvente Kunde kann sich mit den barocken Formen und den überschaubaren Fahrleistungen eines BMW 501 samt Derivaten abfinden. Für diese Klientel formt Designer Graf Goertz den BMW 503, der ab 1956 zu kaufen ist. Er wird auf der IAA 1955 vorgestellt, gemeinsam mit dem BMW 507. Die Ingenieure nehmen das Limousinen-Fahrgestell und setzen eine vornehme Cabrio- oder Coupé-Karosserie darauf. Unter der Haube arbeitet der bekannte 3,2-Liter-V8 mit 140 PS, der das Auto auf bis zu 190 km/h beschleunigt. Der Sprint ist in 13 Sekunden erledigt.

Die Serie I des 503 besitzt das Getriebe unter dem Vordersitz und hat Lenkradschaltung. Bei der nachfolgenden Serie II ist das Getriebe direkt am Motor angeflanscht, was eine H-Schaltung ermöglicht. Der Preis ist zu jenen Zeiten astronomisch: Im Mai 1956 kosten Coupé und Cabrio jeweils 29.500 Mark, im Juli 1958 sind es bereits 32.950 Mark. Kein Wunder, dass nur 478 Stück verkauft werden.

Technische Daten	BMW 503
Code	503
Bauart	Coupé, Cabriolet
Bauzeit	1956 bis 1960
Motor	V8
Hubraum	3168 cm^3
Leistung	140 PS bei 4800/min
Getriebe	Viergang-Handschalter
Antrieb	Hinterräder
Gewicht	1412 kg
V_{max}	190 km/h

BMW 507

Ist schon der BMW 503 mondän, gerät der heute berühmte BMW 507 zum ersten bundesdeutschen Supersportler. Graf Goertz entwirft eine Karosserie, die ihn nahezu unsterblich macht – das Auto gilt heute als einer der schönsten Klassiker überhaupt. Als Basis wählt BMW den 3200 S und verkürzt den Radstand von 2835 auf 2480 Millimeter. Die Techniker spendieren dem 507 als erstem deutschen Serienauto – zumindest den letzten Exemplaren – vordere Scheibenbremsen. 150 PS aus dem 3,2-Liter-V8 beschleunigen den leichten Sportwagen in acht bis zehn Sekunden auf 100 km/h, je nach Achsübersetzung. Mit einem Top-Tempo von 220 km/h erreicht der Sportler exakt das Vorstandsziel.

Kein Wunder, dass das Auto den Schönen und Reichen vorbehalten ist: Im November 1956 kostet es 26.500 Mark, das optionale Hardtop noch mal 1500 Mark obendrauf. Im Juli 1958 müssen bereits fast 30.000 Mark hingeblättert werden. Damit ist es allerdings für die USA, wo BMW gerne ein Standbein hätte, viel zu teuer – obwohl Soldat und Rock'n'Roll-Idol Elvis Presley in Deutschland ein weißes Exemplar fährt (das er bald rot lackieren lässt, weil ständig weibliche Fans ihre Adressen mit rotem Lippenstift auf dem Lack verewigen). So wird das Auto nur 254 Mal gebaut.

Wer heute einen haben will, muss erst recht tief in die Tasche greifen: Im März 2014 erzielt ein BMW 507 bei einer Versteigerung 2,24 Millionen US-Dollar. Das Exemplar ist damit der teuerste Serien-BMW, der je gebaut wurde. Es sollen noch rund 220 Exemplare existieren – ob sie alle echt sind, bleibt offen.

Technische Daten	BMW 507
Code	507
Bauart	Cabriolet
Bauzeit	1956 bis 1959
Motor	V8
Hubraum	3168 cm^3
Leistung	150 PS bei 5000/min
Getriebe	Viergang-Handschalter
Antrieb	Hinterräder
Gewicht	1220 kg
V_{max}	bis 220 km/h (je nach Achsübersetzung)

Technische Daten	BMW 600
Code	111
Bauart	Limousine
Bauzeit	1957 bis 1959
Motor	Zweizylinder-Boxer
Hubraum	582 cm^3
Leistung	19,5 PS bei 4500/min
Getriebe	Viergang-Handschalter
Antrieb	Hinterräder
Gewicht	550 kg
V_{max}	100 km/h

BMW 600

Weil die weniger zahlungskräftigen Kunden den Wunsch äußern, auch gerne künftig mit Familie verreisen zu wollen, lässt sich BMW 1957 eine große Version der Isetta einfallen und nennt das Auto BMW 600. Es besitzt zwar noch die unfallunfreundliche Fronttür, wartet aber immerhin zusätzlich mit einer seitlichen Schiebetür sowie mit mehr Platz auf – vier (schlanke) Erwachsene können sich tatsächlich hineinquetschen. Auf einen Kofferraum müssen sie allerdings verzichten. Der Italiener Giovanni Michelotti hilft bei der Formgebung, er entwirft das Armaturenbrett und die hochgezogenen Stoßstangen.

Die Fachpresse bescheinigt dem 3985 Mark teuren Viersitzer ausgeglichene Fahr- und Komforteigenschaften, die BMW durch Einsatz einer Schräglenker-Hinterachse mit einzeln aufgehängten Rädern erreicht. Zwar vergeht beim Sprint aus dem Stand zur Höchstgeschwindigkeit eine volle Minute, aber das stört die wenigsten Interessenten: Fast 35.000 Stück kann BMW verkaufen. Trotzdem wird das Modell kein Erfolg – und wiederum kann BMW seine Neuschöpfung nicht in Amerika loswerden. Der Grund: Dort parkt man gerne eng – und das ist für den Fronteinstieg kontraproduktiv.

BMW 700 Sport Coupé, Cabriolet

Die Idee zu einem feschen kleinen Viersitzer – genau zu dem Modell, das BMW Ende der 50er Jahren im Portfolio fehlt – kommt vom österreichischen BMW-Importeur Wolfgang Denzel. Der lässt auf eigene Kosten einen Prototypen schneidern, den er den BMW-Verantwortlichen zeigt. Die sind von dem Einzelstück zwar nicht angetan, machen sich aber die Grundidee zu eigen. Sie beauftragen Giovanni Michelotti, einen Entwurf vorzulegen. Das Ergebnis ist ein elegantes zweitüriges Coupé. Daraufhin bekniet BMW die Banken, für den Serienanlauf zwei Millionen Mark ohne Garantien locker zu machen. Die lassen sich zwar lange bitten, stimmen aber schließlich zu.

Am 17. Oktober 1959 gibt BMW-Chef Heinrich Richter-Brohm grünes Licht für den 700er. BMW setzt dazu auf das 600er-Fahrgestell die italienische Karosserie im Dreibox-Design mit zwei Türen. BMW plant letztlich drei Ausführungen, nämlich Coupé, Cabriolet und Limousine. Zuerst wird allerdings das Coupé präsentiert. Der Grund: Es ist mit 5300 Mark recht teuer, was die Kunden nach Meinung der BMW-Chefs einem Sportcoupé eher verzeihen als einer zweizylindrigen Limousine.

Technische Daten	BMW 700 Sport Coupé, Cabriolet
Code	107/110
Bauart	Sport Coupé, Cabriolet
Bauzeit	1960 bis 1963
Motor	Zweizylinder-Boxer
Hubraum	697 cm^3
Leistung	30 PS bei 5000/min
Getriebe	Viergang-Handschalter
Antrieb	Hinterräder
Gewicht	640 kg
V_{max}	120 km/h

BMW 700 Limousine

Drei Monate nach dem Coupé bringt BMW die 700er Limousine – allerdings auch nur mit zwei Türen. Sie ist mit 4760 Mark deutlich billiger als Coupé und Cabrio und überzeugt mit rahmenlosen Türen, nervt allerdings auch ein bisschen mit dem rauen Motorlauf. Im Februar 1961 kommt noch eine Luxus-Limousinen-Variante auf den Markt für 4995 Mark.

Der 700er wird tatsächlich das erste wirklich populäre Auto aus München: Von der Limousine werden mehr als 55.000 Stück gebaut. Ab 1960 kommt noch eine „Sport"-Version als Coupé und als Cabrio hinzu (gebaut von Baur, Entwicklungscode 110). Die Eckdaten: 40 PS dank höherer Verdichtung und zweier Vergaser, geänderte Getriebeübersetzungen und beim Coupé ein Stabilisator an der Hinterachse. Äußerlich ist diese Version nur am Schriftzug „Sport" am Heck zu erkennen. Nun sind immerhin 135 km/h möglich. Wem das wiederum zu sportlich ist, kann ab 1963 zum BMW 700 C greifen. Der besitzt 32 PS – gerade mal zwei mehr als im Ur-Coupé. Im Stuttgarter Raum wird das Auto „Facharbeiter-Porsche" genannt.

Technische Daten	BMW 700 Limousine
Code	107
Bauart	Limousine
Bauzeit	1959 bis1962
Motor	Zweizylinder-Boxer
Hubraum	697 cm³
Leistung	30 PS bei 5000/min
Getriebe	Viergang-Handschalter
Antrieb	Hinterräder
Gewicht	640 kg
V_{max}	120 km/h

Die wichtigsten BMW-Fahrzeugcodes

Code	Modell	Bauzeit
3/15	BMW Dixi und 3/15	1927-1932
3/20	BMW 3/20	1932-1934
303	BMW 303	1933-1934
309	BMW 309	1934-1936
315	BMW 315	1934-1937
319	BMW 319	1935-1937
326	BMW 326	1936-1941
327	BMW 327	1937-1941
328	BMW 328	1936-1940
329	BMW 329	1936-1937
320	BMW320	1937-1938
321	BMW 321	1938-1941
335	BMW 335	1939-1941
501	BMW 501	1952-1958
502	BMW 502	1954-1963
503	BMW 503	1956-1960
507	BMW 507	1956-1959
3200 CS	BMW 3200 CS	1962-1965
100	BMW Isetta	1955-1962
107	BMW 700 Limousine	1959-1965
111	BMW 600	1957-1959
114	BMW 1502-1802	1966-1977
115	BMW 1500	1962-1964
116	BMW 1600	1964-1966
118	BMW 1800, 1800 TI/SA	1963-1971
120	BMW 2000 C, CS (Karmann)	1966-1970
121	BMW 2000, 2000 tii	1966-1972
E3	BMW 2500 – 3.0 Si	1968-1977
E6	BMW 02 touring	1971-1974
E9	BMW 2500 – 3.0 CS und CSi Coupé	1968-1975
E10	BMW 2002 – 2002 tii	1968-1976
E10C	BMW 2002 Vollcabriolet	1971
E12	BMW 5er Limousine (1. Gen.)	1972-1981
E20	BMW 2002 Turbo (Entwicklung ab 10/71)	1973-1975
E21	BMW 3er (1. Gen.)	1975-1983

Code	Modell	Bauzeit
E23	BMW 7er Limousine (1. Gen.)	1977-1986
E24	BMW 6er Coupé (1. Gen.)	1976-1989
E26/1	BMW M1 (Entwicklung ab 4/76)	1978-1981
E28	BMW 5er Limousine (2. Gen.)	1981-1988
E30	BMW 3er Limousine (2. Gen.)	1982-1994
E30 (Z)	BMW Z1 Roadster	1988-1991
E31	BMW 8er Coupé	1989-1999
E32	BMW 7er Limousine (2. Gen.)	1986-1994
E34	BMW 5er Limousine (3. Gen.)	1987-1995
E36 (4)	BMW 3er Limousine (3.Gen.)	1991-1998
E36 (7)	BMW Z3 Roadster, M Roadster	1995-2002
E36 (7C)	BMW Z3 Coupé, M Coupé	1997-2002
E38	BMW 7er Limousine (3. Gen.)	1994-2001
E39	BMW 5er Limousine (4. Gen.)	1995-2003
E46 (4) E46 (4FL)	BMW 3er Limousine (4. Gen.) BMW 3er Limousine (4. Gen.) LCI*	1997-2005
E46 (3) E46 (3FL)	BMW 3er Touring (4. Gen.) BMW 3er Touring (4. Gen.) LCI*	1999-2005
E46 (5)	BMW 3er Compact	2000-2004
E52	BMW Z8	1999-2003
E53	BMW X5 (1. Gen.)	1999-2006
E60	BMW 5er Limousine (5. Gen.)	2003-2007***
E61	BMW 5er Touring	2005-2007***
E63	BMW 6er Coupé (2. Gen.)	2003-2007
E65	BMW 7er Limousine (4. Gen.)	2001-2008
E67	BMW 7er Protection	2001-2008
E70	BMW X5 (2. Gen.)	2006-2013

Code	Modell	Bauzeit
E71	BMW X6 (1. Gen.)	2008-2014
E81	BMW 1er 3-Türer	2007-2011
E82	BMW 1er Coupé	2007-2014
E83	BMW X3 (1. Gen.)	2003-2006
E84	BMW X1 (1. Gen.)	2009-2016
E85	BMW Z4 Roadster (1. Gen.)	2002-2009
E86	BMW Z4 Coupé	2006-2009
E87 E87 (MUE)	BMW 1er 5-Türer BMW 1er 5-Türer LCI*	2004-2006 2006-2011
E89	BMW Z4 Roadster (2. Gen.)	2009-2016
E90 E90 (LCI*)	BMW 3er Limousine (5. Gen.) BMw 3er Limousine	2005-2008 2008-2012
E91 E91 (LCI*)	BMW 3er Touring BMW 3er Touring	2005-2008 2008-2012
E92 E92 (LCI*)	BMW 3er Coupé BMW 3er Coupé	2006-2010 2010-2013
F01	BMW 7er Limousine (5. Gen.)	2008-2012
F06	BMW 6er Gran Coupé	ab 2011
F07	BMW 5er Gran Turismo	2009-2012
F10	BMW 5er Limousine (6. Gen.)	2010-2013
F13	BMW 6er Coupé (3. Gen.)	2011-2018**

Code	Modell	Bauzeit
F15	BMW X5 (3. Gen.)	2013-2020**
F16	BMW X6 (2. Gen.)	ab 2014
F20	BMW 1er 5-Türer	2011-2015
F22	BMW2er Coupé	2014-2021**
F25	BMW X3 (2. Gen.)	2011-2018**
F26	BMW X4	2014-2021**
F30	BMW 3er Limousine (6. Gen)	2012-2019**
F31	BMW 3er Touring	2012-2019**
F32	BMW 4er Coupé	2013-2020**
F34	BMW 3er Gran Turismo	2013-2020**
F36	BMW 4er Gran Coupé	ab 2014
F45	BMW 2er Active Tourer	2014-2021**
F46	BMW 2er Gran Tourer	2015-2022**
F48	BMW X1 (2. Gen.)	2015-2022**
F80	BMW M3 Limousine	2014-2020**
F82	BMW M4 Coupé/GTS	2014-2020**
F87	BMW M2 Coupé	2015-2020**
G11	BMW 7er Limousine (6. Gen.)	2016-2023**
I01	BMW i3	2013-2020**
I12	BMW i8	2014-2016**

*: Life Cycle Impulse (Facelift)
**: Voraussichtliches Baureihenende
***: Ohne Modellpflege

Kapitel 3

Die 60er Jahre – Es geht bergauf

Mit der Neuen Klasse trifft BMW den Nerv der Zeit: Die positive Resonanz auf der IAA ist trotz des relativ hohen Preises von 8500 Mark überwältigend. Noch im selben Jahr beginnt die Auslieferung.

Aus Freude am Fahren

Die immer größere Straßen- und Verkehrsdichte in Deutschland fordert ihren Tribut: 1961 sind 2600 Autobahnkilometer nutzbar, aber 14.500 Menschen sterben bei mehr als einer Million Unfälle, 340.000 Verletzte sind zu beklagen. Damit wenigstens die Autos sicherer werden, wird die TÜV-Plakette eingeführt. Und der Gesetzgeber verbietet hinten angeschlagene Türen, weil der Fahrtwind sie aufreißen könnte. Das ist schlecht für den BMW 502 – immerhin bekommen die Bayern eine Ausnahmeerlaubnis für dessen „Selbstmördertüren". Ob BMW deshalb in diesem Jahr den Slogan „Aus Freude am Fahren" kreiert, ist nicht überliefert.

Freud und Leid liegen in der Autobranche in dieser Zeit nah beieinander: Am 13. Oktober 1961 muss Borgward Konkurs anmelden, bei den Bayern geht's dagegen bergauf. Die Neue Klasse wird entwickelt – und sorgt für viele Diskussionen. Normalerweise kaufen die Deutschen „je teurer, desto größer" – die gar nicht so große Neue Klasse soll aber respektable 8500 Mark kosten. Das Publikum auf der IAA ist trotzdem begeistert: von der Form, vom Fahrwerk, von der Leistung. Der *Stern* schreibt: „Es blieb wohl das am dichtesten umlagerte Ausstellungsstück. Und wer mit dem Wunsch gekommen war, wenigstens eine Minute in dem bildhübschen und technisch vollendeten Wagen Platz zu nehmen, musste garantiert eine halbstündige Drängelei in Kauf nehmen." Während der zehn Messetage sammelt BMW 1500 bis 2000 Kaufverträge ein. Bis zum Jahresende werden es 20.000 sein.

Die junge Bundesrepublik strebt weiter voran: 1962 hat ein Viertel aller Autos ein Autoradio, VW stellt die ersten Gastarbeiter aus Italien ein, der Glas 1004 besitzt als erstes Auto verzinkte Teile als Korrosionsschutz, das S 1004 Coupé hat den ersten Serienmotor mit Kunststoff-Zahnriemen. Am Jahresende verzeichnet BMW ein Plus von 2,5 Millionen Mark dank der Neuen Klasse, verkauft allerdings mit nur 4651 Stück so wenige Motorräder wie nie zuvor.

Während die Welt um John F. Kennedy trauert, der am 22.11.1963 im offenen Lincoln Continental erschossen wird, zahlt BMW seinen Aktionären zum ersten Mal seit 20 Jahren wieder eine Dividende. Als Bilanzgewinn werden 3,82 Millionen Mark ausgewiesen. Auch im Sport sind die Bayern erfolgreich: 1964 gewinnt Hubert Hahne die Deutsche Rundstreckenmeister-

Im Jahr 1966 stellt BMW den 1600-2 vor, hier bei einer Präsentation vor der Oper in München. Die 02er Reihe wird in den kommenden Jahren ein Bestseller …

Das werksseitige Sportengagement wird unter Hahnemann zunächst eingestellt. Im Rahmen der Umstrukturierung ist nun der Tuner Alpina damit beauftragt, den Namen BMW im Motorsport möglichst erfolgreich zu vertreten.

schaft im BMW 1800ti. Von 28 Rennen der Serie gewinnt er schier unglaubliche 27. Mit dem gleichen Mittelklasse-Modell bleibt Hahne auf dem Nürburgring erstmals unter zehn Minuten. Daraufhin beginnt bei BMW die Idee zu reifen, in die Formel 2 einzusteigen.

Während 1966 jeder dritte Neuwagen auf Deutschlands Straßen noch nicht voll bezahlt ist, weil auf Raten gekauft, übernimmt BMW am 10. November die Hans Glas GmbH für zehn Millionen Mark – Glas hat massive Liquiditätsprobleme. Das passt zu den Feierlichkeiten für 50 Jahre BMW und zu einem neuen Rekord: Im September vermeldet BMW mit 8000 verkauften Autos das beste Monatsergebnis seit Anbeginn, außerdem wird das 250.000ste Motorrad nach dem Krieg fertiggestellt. Und schließlich zahlt BMW zwölf Prozent Dividende – was für ein Jahr.

Am 2. Januar 1967 wird Glas rechtlich Tochterunternehmen von BMW. Die Welt wird aufmerksam auf die aufstrebende Firma: So fragt ein Kontaktmann, ob man Lancia kaufen wolle. Doch BMW-Chef Hahnemann sagt nein, denn sonst müsste man zusätzlich deren 500 Millionen Mark Schulden übernehmen. Auch eine Zusammenarbeit mit AMC in den USA lehnt er ab.

Ende 1968 hat BMW erstmals 100.000 Autos in einem Jahr produziert, der Umsatz sprengt die Milliardengrenze – kein Wunder, dass der Vorstand beginnt, ein neues Verwaltungsgebäude in München zu planen. Im Juni 1969 baut BMW den letzten Glas-Wagen: ein Goggomobil.

1969 geschieht Großes bei BMW: Generaldirektor Gerhard Wilcke (zuvor Quandt-Bevollmächtigter, BMW-Sanierungsausschuss-Bevollmächtigter und von 1965 bis 1969 BMW-Chef) tritt zurück. Nachfolger wird nicht Hahnemann, wie alle vermuten, sondern ein junger Mann namens Eberhard von Kuenheim. Geldgeber Quandt macht Hahnemann dafür zum stellvertretenden Vorstandsvorsitzenden – ein Posten, den es vorher nicht gab. Von Kuenheim tritt sein Amt am 1. Januar 1970 an, mit 41 Jahren ist er der jüngste Generaldirektor der deutschen Großindustrie.

Allerdings ist es Hahnemann, der dafür sorgt, dass sich BMW aus dem Motorsport zurückzieht. Er hält ihn für zu gefährlich und benötigt seine Ingenieure für den Serienbau. Die Rennabteilung trauert öffentlich, und von Kuenheim überträgt alle Sporteinsätze Alpina. BMW will nun anders glänzen, etwa mit dem 1602 als erstem Elektroauto der Marke. Und Hahnemann wird seinen Posten nicht halten können.

Unter Leitung von Eberhard von Kuenheim (Jahrgang 1928) steigt die Zahl der Mitarbeiter bei BMW von rund 20.000 auf 70.000 und der Umsatz von 1 Milliarde DM auf 30 Milliarden DM.

BMW 3200 CS

1961 stellt der italienische Karosserieschneider Nuccio Bertone dem BMW-Vorstand den 3200 CS vor, gedacht als Nachfolger des BMW 503. Den Ingenieuren gefällt der Vorschlag, dennoch ändern sie an ein paar Stellen das Design, was dem Entwurf ein wenig von seiner Eleganz nimmt. BMW nennt den schnittigen Zweitürer, ein viersitziges Hardtop-Coupé, „3200 CS" und bestückt den Sportler mit H-Schaltung und dem letzten V8 alter Bauart, der 160 PS leistet. Er beschleunigt das Auto auf 200 km/h, der Sprint gelingt sogar in elf Sekunden.

Auch dieser BMW gerät fast unverschämt teuer: Die Bayern verlangen fast 30.000 Mark. Die „Deutsche Zeitung" schreibt trotzdem: „Selbst bei sehr kritischem Blick muss man den Münchnern bescheinigen, dass ihnen mit diesem Modell eine Synthese von Schönheit, Temperament und Sicherheit geglückt ist." Es wird an dem Preis liegen, dass nur knapp 600 Stück auf die Räder gestellt werden. 1962 baut BMW übrigens dem Unternehmensretter Herbert Quandt einen 3200 CS als Cabriolet von Bertone – der exklusive Beau bleibt ein Einzelstück.

Technische Daten	**BMW 3200 CS**
Code	3200 CS
Bauart	Coupé
Bauzeit	1962 bis 1965
Motor	V8
Hubraum	3168 cm^3
Leistung	160 PS bei 5600/min
Getriebe	Viergang-Handschalter
Antrieb	Hinterräder
Gewicht	1450 kg
V_{max}	200 km/h

Technische Daten	BMW LS
Code	119
Bauart	Limousine, Coupé
Bauzeit	1962 bis 1965
Motor	Zweizylinder-Boxer
Hubraum	697 cm^3
Leistung	32 PS bei 4000-5000/min
Getriebe	Viergang-Handschalter
Antrieb	Hinterräder
Gewicht	680 kg
V_{max}	120 km/h

BMW LS

1962 legt BMW die 700er Limousine neu auf und verkauft sie als LS. Das Auto erhält einen um 160 Millimeter verlängerten Radstand, was besonders den Fondsitzen und dem Motorraum zugutekommt. Der Motor leistet nun 32 PS. Als Coupé glänzt das Auto mit 40 PS, die eine Höchstgeschwindigkeit von 135 km/h möglich machen. Geplant wird sogar ein völlig neuer Motor mit vier Zylindern. Doch damit müsste das Auto noch teurer werden, deshalb wird die Idee fallen gelassen.

Im März 1962 kostet der BMW LS als Limousine immerhin auch schon 4785 Mark, in der Luxusausführung bereits 5320 (ab 1964 wird's billiger: 4985 Mark). Vom Coupé, das sogar 5850 Mark kostet, werden nur 1756 Stück gebaut, die Limousine findet immerhin noch 93.000 Abnehmer.

BMW 1500 - 1800

Im September 1961 präsentiert BMW die Neue Klasse mit dem BMW 1500. Geplant ist zunächst, dass er für 8500 Mark auf den Markt kommt – es werden 9845 Mark daraus. Trotzdem rettet am Ende der Erfolg der Neuen Klasse das Unternehmen, denn damit hat BMW endlich wieder ein dynamischeres Modell in der gehobenen Mittelklasse. Am 25. August 1962 läuft das Fließband an. Die Kunden sind begeistert von 80 PS, einem aufwändigen Fahrwerk mit McPherson-Federbeinen und Schräglenker-Hinterachse. Die Qualität ist noch nicht optimal – es gibt vor allem Probleme mit Längslenkern. Dazu schwächeln Differenzial, Auspuff, Motor.

Nur kurz gibt es 1500er und 1600er nebeneinander, dann ersetzt der 1600er den 1500er ganz. Er hat eine geänderte Getriebeabstufung, einen neuen Vergaser und etwas mehr Drehmoment. Vom 1500er baut BMW 23.807 Stück, der 1600er (9485 Mark) lässt sich 10.270 Mal absetzen.

1963 kommt der 1800er dazu, der mit 90 PS etwas stärker ist und seitliche Chromzierleisten besitzt. 1968 erhält der 1800er einen neuen Motor, dessen Block vom 2000er entliehen ist. Innen wird das Armaturenbrett überarbeitet, außerdem spendiert BMW noch eine Drehstrom-Lichtmaschine und ein Doppelzweikreis-Bremssystem.

BMW legt noch nach: Ebenfalls im Jahr 1963 kommt der 1800 Ti (Turismo internazionale). Die Sportversion besitzt ein von Motoren-Chef Alexander von Falkenhausen konzeptioniertes Triebwerk mit zwei Vergasern und überzeugt mit 110 PS. Damit braucht der Ti nur 10,5 Sekunden für den Sprint auf 100 km/h und schafft 170 km/h Spitze. Das Modell ist luxuriöser ausgestattet und hat einen Stabilisator an der Vorderachse. 18.417 Stück werden gebaut. Er kostet 10.960 Mark, das ist günstig für so viel Leistung.

BMW toppt selbst diese Version zwei Jahre später noch mit dem 1800 Ti/SA. Diese Wettbewerbsversion wird in einer limitierten Auflage von nur 200 Stück gebaut. Sie hat dank höherer Verdichtung 130 PS, ein Fünfgang-Getriebe und wiegt abgespeckt nur 1040 Kilo. Das Modell kostet 13.415 Mark.

Die 1800er sind letztlich am beliebtesten: Die erste Version wird mehr als 100.000 Mal verkauft, von der zweiten immerhin noch knapp 31.000 Stück. Im Mai 1972 kommt übrigens noch eine dritte Version (rund 8000 Stück), die technisch exakt dem Vormodell entspricht, aber in der Karosserie des 2000 steckt. Im Januar 1972 kostet das Auto 12.870 Mark.

Technische Daten	**BMW 1600**
Code	116
Bauart	Limousine
Bauzeit	1962 bis 1972
Motor	Vierzylinder/Reihe
Hubraum	1573 cm^3
Leistung	83 PS bei 5500/min
Getriebe	Viergang-Handschalter
Antrieb	Hinterräder
Gewicht	1050 kg
V_{max}	150km/h

BMW 2000 TI

Der BMW 2000 TI, der 1966 für 11.475 Mark auf den Markt kommt, markiert den Einstieg in die höchsten Weihen der Neuen Klasse, die letztlich noch als 2000 TI, 2000 tilux und 2000 tii angeboten wird. Zu erkennen sind die Top-Modelle sofort an rechteckigen Scheinwerfern. Mit 100 PS ist der BMW 2000 TI schon sehr gut motorisiert, sie ermöglichen eine Spitzengeschwindigkeit Von fast 170 km/h. Der Sprint gelingt in 12,4 Sekunden. Ab Werk wird das Modell mit Vierganggetriebe ausgeliefert, eine AutomatikVersion ist wahlweise erhältlich. 1968 erhält der Innenraum ein Facelift, alle 2000er-Modelle werden mit einer Diagonal-Zweikreis-Bremsanlage ausgerüstet. Der BMW 2000 kommt bei den Kunden gut an – mehr als 120.000 Stück werden gebaut.

Der 1800 TI wird 1966 optisch unverändert vom 2000 TI abgelöst. Der hat nun den Zweiliter-Vierzylinder und leistet 120 PS bei 5500/min dank des größeren Hubraumes und zweier Doppelvergaser. Im Juli 1968 muss man dafür 11.854,50 Mark zahlen. 6480 Stück werden gebaut. Den TI gibt es auch als tilux (Mechanik und Fahrwerk des 2000 TI im Design des 2000, dazu breitere Reifen), dessen Nachfolger kommt als 2000 tilux, das im Grunde nur eine luxuriösere Ausstattungsvariante ist, die Kraft ändert sich nicht. Im November 1969 zahlt man für den tilux 13.764 Mark.

Technische Daten	BMW 2000 TI
Code	121
Bauart	Limousine
Bauzeit	1966 bis 1972
Motor	Vierzylinder/Reihe
Hubraum	1990 cm^3
Leistung	100 PS bei 5500/min
Getriebe	Viergang-Handschalter
Antrieb	Hinterräder
Gewicht	1130 kg
V_{max}	168 km/h

BMW 2000 tii

Der 2000 tii ist für viele Männer in Deutschland Ende der 1960er Jahre der erstrebenswerteste BMW seiner Zeit: schön, kraftvoll, selten. Er ersetzt den 120 PS starken BMW 2000 tilux (der wiederum für den 2000 TI im Jahr 1968 kommt) und überzeugt mit einem 130 PS starken Zweiliter mit Kugelfischer-Einspritzung. Das Kraftpaket läuft 185 km/h Spitze, der Sprint gelingt in 10,4 Sekunden. Wer das optionale Fünfganggetriebe ordert, braucht noch einmal eine halbe Sekunde weniger. Der Preis von zunächst 14.290 bis zuletzt satten 15.460 Mark setzt dem Absatz allerdings Grenzen – nur knapp 2000 Stück kann BMW an den Mann bringen. Diese frühen „Supercars" werden allerdings auch fast alle sehr sportlich gefahren, weswegen gute und komplette Exemplare heutzutage zu den gesuchtesten Klassikern der Bayern gehören.

Technische Daten	BMW 2000 tii
Code	121
Bauart	Limousine
Bauzeit	1970 bis 1971
Motor	Vierzylinder/Reihe
Hubraum	1990 cm^3
Leistung	130 PS bei 5800/min
Getriebe	Viergang-Handschalter
Antrieb	Hinterräder
Gewicht	1160 kg
V_{max}	185 km/h

BMW 2000 CS

1965 beginnt BMW wieder eine andere Karosserieform als nur Limousinen zu bauen. Die neuen Coupés sollen allerdings nicht in der Luxusklasse angesiedelt werden, sondern die Oberklasse abrunden – in der Hoffnung, so mehr Autos verkaufen zu können. BMW spendiert dem „komfortablen Reisewagen mit sportlichem Herz für große Fahrt" ein schnittiges Coupé-Kleid, das von Hofstylist Wilhelm Hofmeister entworfen und von Karmann in Osnabrück gebaut wird (wie alle folgenden Coupés), zu erkennen an der Front mit breiten Schlitzaugen. Dafür verschwindet das Bertone-Coupé aus dem Angebot.

Zunächst kommt der Zweitürer als 100 PS starker 2000 C und CA (CA ist das Coupè mit Automatikgetriebe, für das 1200 Mark Aufpreis bezahlt werden müssen) auf den Markt für mindestens 16.905 Mark. Die Kunden aber wollen mehr und bekommen es – in Form des 2000 CS: 120 PS, 185 km/h Spitze, ausschließlich lieferbar mit sportlichem Schaltgetriebe und 17.500 Mark teuer. BMW verkauft von CA/C und CS immerhin mehr als 11.000 Stück.

Technische Daten	BMW 2000 CS
Code	120
Bauart	Coupé
Bauzeit	1965 bis 1970
Motor	Vierzylinder/Reihe
Hubraum	1990 cm^3
Leistung	120 PS bei 5500/min
Getriebe	Viergang-Handschalter
Antrieb	Hinterräder
Gewicht	1180 kg
V_{max}	185 km/h

BMW 1600-2, 1602

BMW ordnet sein Modellprogramm neu und bringt 1966 den 1600-2 als Einstiegsmodell für 8650 Mark – mit nur zwei Türen. Der Viertürer wird allerdings nicht mehr angeboten. Der 1,6-Liter-Vierzylinder leistet zwar nur 85 PS, wird aber trotzdem zum Vorbild vieler Sportlimousinen und begründet die erfolgreiche 3er Reihe (ab 1967 hat BMW dann auch endlich wieder ein Cabrio im Programm: Baur karossiert den offenen 1600-2, der dann auch gleich rund 3300 Mark teurer ist). Der 1600-2 kommt gut an: Fast 145.000 Stück werden verkauft – gerne in zeitgeistigen Farben wie „inka-orange" oder „golf-gelb".

1971 wird die Bezeichnung in 1602 geändert, sonst bleibt das Auto fast so, wie es ist: Die Stoßstangen erhalten Gummiauflagen, der Wagen steigt um auf Gürtelreifen, die Übersetzungen im Getriebe sind neu. Bis 1973 werden 87.804 Stück verkauft, der Nachfolger mit gleichem Namen erhält ab 1973 etwas mehr Drehmoment, eine stärkere Lichtmaschine, eine verbesserte Innenausstattung und rechteckige statt runde Heckleuchten. Die Sportversion des 1600-2 heißt 1600 ti und kommt 1967 mit 105 PS. 10.836 Käufer greifen zum 170 km/h schnellen Wagen mit Vierfachvergaser zum Stückpreis von 9950 Mark.

Technische Daten	**BMW 1600-2**
Code	114
Bauart	2-türige Limousine, Cabriolet
Bauzeit	1966 bis 1975
Motor	Vierzylinder/Reihe
Hubraum	1573 cm^3
Leistung	85 PS bei 5700/min
Getriebe	Viergang-Handschalter
Antrieb	Hinterräder
Gewicht	903 kg
Vmax	160 km/h

Technische Daten	BMW 1600 GT
Code	entfällt
Bauart	Coupé
Bauzeit	1967 bis 1968
Motor	Vierzylinder/Reihe
Hubraum	1573 cm^3
Leistung	105 bei 6000/min
Getriebe	Viergang-Handschalter
Antrieb	Hinterräder
Gewicht	960 kg
Vmax	190 km/h

BMW 1600 GT

Nach der Übernahme der Firma Glas baut BMW noch eine Zeit lang deren Autos unter eigener Regie weiter – ohne ihnen einen BMW-Code zu geben. So erhält der Glas GT die typische BMW-Niere und die runden Rückleuchten aus dem 1600-2. Außerdem spendiert BMW eine Schräglenker-Hinterachse und einen anderen Tank. Der Motor stammt vom BMW 1600 ti, der 105 PS leistet. Das Auto ist schnell und schön, aber letztlich werden nur noch 1255 Stück zum Preis von je 15.860 Mark gebaut.

Technische Daten	Glas/BMW V8 3000
Code	entfällt
Bauart	Coupé
Bauzeit	1967 bis 1968
Motor	V8
Hubraum	2982 cm^3
Leistung	160 PS bei 5100/min
Getriebe	Viergang-Handschalter
Antrieb	Hinterräder
Gewicht	1350 kg
V_{max}	200 km/h

Glas V8 2600, Glas/BMW V8 3000

Als BMW Glas übernimmt, hat die ehemalige Landmaschinenfabrik ein wunderschönes, von Pietro Frua gezeichnetes V8-Coupé mit zunächst 2580 Kubikzentimetern Hubraum im Programm. Weil das 1965 auf der IAA präsentierte Auto dem Maserati 3200 ähnelt, wird es ehrfürchtig „Glaserati" genannt. Glas ist der einzige deutsche Hersteller neben Mercedes, der einen eigenen V8-Motor anbietet.

Die Technik des Glas V8 2600 ist top: vorn Einzelradaufhängung an doppelten Dreieckslenkern, Teleskopstoßdämpfer, Stabilisatoren, hinten De-Dion-Achse, Halbelliptik-Blattfedern und Boge-Hydromatstoßdämpfer mit automatischem Niveauausgleich sowie Panhardstab. Der 2,6-Liter-V8 hat einen Zahnriemen und leistet 160 PS, was für 200 km/h reicht. Vom Design ist BMW beeindruckt, deshalb wird es nach der Übernahme nicht geändert – die Motorhaube erhält nur das BMW-Emblem. Aber den Motor finden sie etwas zu flau und verordnen dem Wagen einen Dreiliter-V8.

Damit wird das Auto 1967 chancenlose 23.600 Mark teurer. So werden nur etwa 700 Stück produziert. Dann nimmt BMW das Auto nach etwa zwölf Monaten aus dem Programm.

BMW 2500 - 2800

Nachdem BMW hauptsächlich mit Zweitürer- und Vierzylindermodellen wieder auf die Beine gekommen ist, kehren die Bayern zurück zum Viertürer mit Sechszylinder und damit zur Oberklasse. Erstes Modell ist ab 1968 der völlig neue 2500, den es gleichzeitig auch als etwas stärkeren und schnelleren 2800 gibt. Der 2800 besitzt zusätzlich noch Sperrdifferenzial und serienmäßig Niveauregulierung. Selbstverständlich ist auch der Innenraum hochwertiger. Mit den Autos beginnt die typische Doppelscheinwerfer-Zeit der BMW.

Vom 2500 und seinem Facelift im Jahr 1971 verkaufen die Bayern gut 85.000 Stück. Der 2800 wird einschließlich der verbesserten Version mit geänderter Zwangsentlüftung, gummibelegter Stoßstange und serienmäßiger Lenksäulen- und Sitzhöhenverstellung (Niveauregulierung und Sperrdifferenzial nur gegen Aufpreis) mehr als 43.000 Mal verkauft. Als 2,8 L beginnt BMW nun auch, eine Langversion anzubieten. Sie ist 100 Millimeter länger, aber auch etwas träger und langsamer. Der Preis beginnt bei 25.980 Mark, für die Automatikversion müssen rund 1600 Mark Aufpreis bezahlt werden. Fast 5500 lange Exemplare bringt BMW unters solvente Volk.

Technische Daten	**BMW 2500**
Code	E3
Bauart	Limousine
Bauzeit	1968 bis 1977
Motor	Sechszylinder/Reihe
Hubraum	2494 cm^3
Leistung	150 PS bei 6000/min
Getriebe	Viergang-Handschalter
Antrieb	Hinterräder
Gewicht	1340 kg
V_{max}	190 km/h

Technische Daten	BMW 2800 CS
Code	E9
Bauart	Coupé
Bauzeit	1968 bis 1971
Motor	Sechszylinder/Reihe
Hubraum	2877 cm^3
Leistung	170 PS bei 6000/min
Getriebe	Viergang-Handschalter
Antrieb	Hinterräder
Gewicht	1130 kg
V_{max}	200 km/h

BMW 2800 CS

Ende der 1960er Jahre bietet BMW auch wieder ein wunderschönes Coupé an – den 2800 CS in zweiter Generation. Die Karosserie baut Karmann, die Mechanik stammt vom 2800. Die Front zeigt sich leicht verändert, Licht gibt es natürlich aus Doppelscheinwerfern. Das Coupé muss jedoch mit Trommelbremsen und einfachen Schraubenfedern hinten auskommen, obwohl es mit 170 PS aus dem fast 2,9 Liter großen Reihensechszylinder ausgesprochen stark motorisiert ist. So gerüstet schafft das fast 23.000 Mark teure Auto die magische 200-km/h-Marke. 9400 Stück kann BMW verkaufen – nicht zuletzt dank vieler Motorsporterfolge der neuen Coupés.

BMW 2002

1968 beginnt die Produktion des BMW 2002. Dabei steckt der Motor des 2000ers in der Karosserie der kleineren BMW 1600-2. Diese Mischung kommt an: Mehr als 256.000 Stück werden gebaut (Preis: 9394 Mark), ein Teil davon mit Automatikgetriebe.

Hinzu kommt mit 22.234 Stück die leicht verbesserte Version ab 1973 mit anderer Innenausstattung, stärkerer Lichtmaschine, breiteren Felgen und rechteckigen Rückleuchten. Als 2002 TI glänzt er ab 1968 mit 120 PS, was 185 km/h ermöglicht. Fast 15.000 Stück werden zu Preisen zwischen 10.989 Mark (1968)

Technische Daten	BMW 2002
Code	E10
Bauart	Limousine, Cabriolet
Bauzeit	1968 bis 1976
Motor	Vierzylinder/Reihe
Hubraum	1990 cm^3
Leistung	100 PS bei 5500/min
Getriebe	Viergang-Handschalter
Antrieb	Hinterräder
Gewicht	990 kg
V_{max}	170 km/h

und 12.321 Mark (1971) verkauft. Ab 1971 setzt BMW nach altbewährter Methode wieder einen drauf: der 2002 tii kommt mit 130 PS (186 km/h Spitze) und Einspritzmotor. Auch er erfährt ein Facelift: 1973 wird die Innenausstattung aufgewertet, und auch dieses Auto bekommt die rechteckigen Rückleuchten. So gerüstet wird er 7755 Mal gebaut

Und wie gut sich auch nach all den Jahren BMW in der Gegenwart um die Klassiker des Hauses bemüht, stellt man 2006 eindrucksvoll unter Beweis: Anlässlich des 40sten Jubiläums der Baureihe 02 präsentiert die Klassikabteilung Mobile Tradition auf der Oldtimermesse Techno Classica in Essen einen aus rund 4000 Ersatzteilen bestehenden „neuen" 2002 tii (Bild unten). Die in leuchtendem Inka-Orange lackierte Sportlimousine entsteht in elf Monaten Bauzeit in einer eigens dafür errichteten „Gläsernen Werkstatt" auf dem Gelände der BMW Museumsaustellung am Olympiaturm.

Auch den Tunern sind die Qualitäten des 02 nicht verborgen geblieben: Bei Rennfahrer und Händler Hubert Hahne entsteht die so genannte 02 Diana (Bild rechts oben). Anlässlich seiner Hochzeit mit Schauspielerin Diana Körner werden zwölf 2002 ti umgebaut (Doppelscheinwerfergrill des BMW 2800 CS, Innenausstattung aus Leder, spezielle Aluminiumräder), jedes einzelne Exemplare wird in einer anderen Farbe geliefert.

BMW und die Designer I

Wilhelm Meyerhuber (Jahrgang 1888) gilt als der erste Stylist bei BMW: Er errichtet 1937 bei BMW die Abteilung „Künstlerische Gestaltung", bestehend aus insgesamt 20 Designern, die zum Konstruktionsbüro von BMW zählen. Ihm werden die Vollendung der BMW 326, 327, 328 und 335 zugeschrieben und das Design des BMW 328 Mille Miglia „Bügelfalte".

Felice Bianchi Anderloni (Jahrgang 1882) schafft eines der wichtigsten Karosseriebau-Unternehmen Italiens: die Carozzeria Touring. Mit 22 Jahren heuert der Sohn einer großbürgerlichen Familie als Versuchsfahrer bei Isotta-Fraschini an. Anderloni wird Leiter der Versuchsabteilung, gründet aber 1926 sein eigenes Unternehmen. Auf ihn gehen BMW 328 Berlinetta und BMW 328 Mille Miglia Spider zurück.

Peter Szymanowski (Jahrgang 1902) steht bei BMW mit 501, 502 sowie 2600 L/3200 L für die „üppige Phase". Er kommt Mitte der 1930er Jahre von Horch und arbeitet als Stylist unter Wilhelm Meyerhuber. Nach Ende des Zweiten Weltkriegs kehrt Szymanowski Ende 1949 als Designchef zu BMW zurück und bleibt es bis 1955.

Albrecht Graf von Goertz (Jahrgang 1914) ist ein niedersächsischer Banker, der 1936 in die USA emigriert und professionell Ford-Modelle der Typen T und A umbaut. Nach dem Krieg trifft er Raymond Loewy, einen der wichtigsten US-Designer der Epoche, und arbeitet für Studebaker. 1952 eröffnet er sein eigenes Studio in New York. Die Zusammenarbeit mit BMW gipfelt im 503 und vor allem im 507.

Ermenegildo Preti (Jahrgang 1918) ist ein Mailänder Luftfahrtingenieur, der zunächst nur Segelfluggeräte entwirft. Anfang der 1950er Jahre nimmt Renzo Rivolta Kontakt zu ihm auf. Der Industrielle baut Kühlschränke und möchte ins Autogeschäft. Preti (auf dem Bild links im Auto neben Rivolta) entwirft nur ein einziges Auto: die Isetta (und damit auch den 600er) – ein geniales Konzept für einen Stadtwagen.

Giovanni Michelotti (Jahrgang 1921) lernt bei Farina, seit er 16 Jahre alt ist. Als ein Stylist krank wird, zeichnet er einfach etwas – und wird entdeckt. Ab 1949 bietet er seine Dienste allen Karosseriebauern in Turin an, und viele Firmen nehmen sie in Anspruch: Allemano, Ghia, Bertone, aber vor allem Vignale, mit dem Michelotti ein hervorragendes Team bildet. Er wird zum meistbeschäftigten italienischen Stylisten seiner Zeit. Für BMW entwirft er unter anderem 700, 1500, 3200 CS, LS. Michelotti ist erst 58 Jahre alt, als er 1980 an Krebs stirbt. Sein Unternehmen schließt 1992 die Pforten.

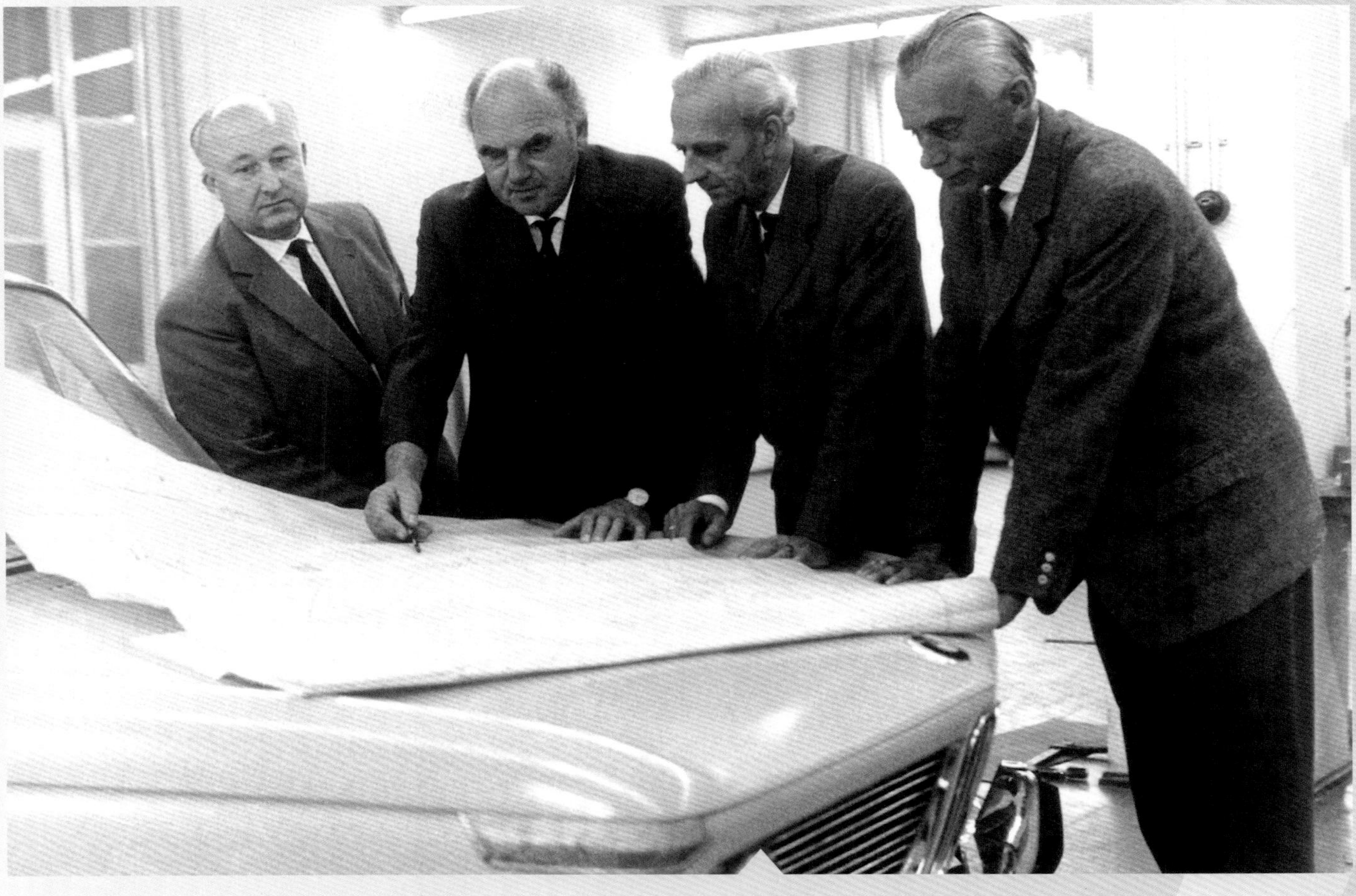

Wilhelm Hofmeister (Jahrgang 1912) ist zunächst Maschinenbauer, bevor er 1955 die Leitung des BMW-Designstudios übernimmt. Zu den von ihm maßgeblich gestalteten Autos gehören BMW 1800, 2000 C/CS, 2000, 1600-2/2002, 1600 Cabrio, 2500-3,3l, 2800 CS – 3.0 CS, 1600-2000 tii touring, 3.0 CSL (1971) und 2002 Turbo. Ihm wird vor allem aber der berühmte „Hofmeister-Knick" zugeschrieben, ein nach vorn geknickter unterer Teil der C-Säule. Dieses Motiv findet sich seither bei allen BMW-Modellen. Das Bild zeigt Wilhelm Hofmeister (ganz links) neben Entwicklungschef Fritz Fiedler, Ingenieur und Testfahrer Eberhard Wolff und Motorenchef Alex Freiherr von Falkenhausen

M ST 625H

Kapitel 4

Die wilden 70er

Die große Expansion

Die Deutschen lieben ihre Autos zu Beginn des neuen Jahrzehnts: Neun von zehn Autobesitzern waschen ihr Schmuckstück per Hand, meistens samstags und dann am liebsten vor der eigenen Haustür. Die Lkw-Branche wirbt 1971 erstmals mit der Werbefigur „Brummi" um Sympathien, aber die IAA fällt wegen Geldmangels aus. Und während Daimler-Benz ein Airbag-System zum Patent anmeldet, rollt ein Auto erstmals nicht auf der Erde: Am 1. August 1971 landet das Lunar Roving Vehicle auf dem Mond, an dessen vier Rädern je ein Elektromotor arbeitet.

Inzwischen viermal so groß wie früher: Im niederbayerischen Werk Dingolfing an der Autobahn A92 fertigen 17.500 Mitarbeiter auf 2,8 Mio. Quadratmetern aktuell jährlich mehr als 350.000 Fahrzeuge der BMW 3er, 4er, 5er, 6er und 7er Reihe.

Während die Menschheit glaubt, immer weiter expandieren zu müssen, weiß die BMW-Führung das für ihren Bereich ganz genau. Es wird beschlossen, das Glas-Werk auszubauen und um in Dingolfing noch eine komplett neue Fabrik zu bauen. Der Plan: Ab 1973 sollen auf dem 600.000 Quadratmeter großen Areal nur Sechszylinder-Modelle vom Band laufen, bis 1977 sollen 4500 neue Arbeitsplätze entstehen. Allerdings gibt es Querelen zwischen Chef von Kuenheim und Vize Hahnemann, letzterer geht. Nachfolger wird Bob Lutz.

Der hat ein Herz für den Motorsport und holt den Spezialisten Jochen Neerpasch ins Boot. Auch Entwickler Alexander Freiherr von Falkenhausen darf wieder sportlich denken und beschäftigt sich mit dem Turbolader. Er baut einen 2002-Prototypen mit Turbomotor. Ist das Werksgelände menschenleer, macht er Versuche mit dem 270-PS-Monster. Das Auto springt über Gleise teilweise zehn Meter weit. Aber Getriebe und Hinterachse machen die Kraft nicht lange mit, die Motorenbauer müssen das Aggregat auf 170 PS drosseln.

Zahmer ist das Bobby-Car, das Ernst A. Bettag 1972 erfindet. Er verkauft es zunächst fast nur in den USA. Schnelleres hat Bob Lutz im Sinn: Er schlägt vor, zur Eröffnung der Olympiade und zur Museumseröffnung einen echten Sportwagen zu präsentieren – die Geburtsstunde des BMW Turbo. Mit ihm beginnt auch die Vernetzung des Autos: Die beiden Prototypen besitzen radargestützte Abstandswarner und Querbeschleunigungsmesser, um (mit einem roten Bereich) den drohenden Verlust der Reifenhaftung anzuzeigen. Noch wichtiger als die Turbo-Präsenation ist aber der 13. September 1972: An diesem Tag kommt BMW mit dem 520. Die Fünfer-Reihe mit fahrerorientiertem Cockpit als Nachfolger der „neuen Klasse" wird ein Modell nahezu für die Ewigkeit.

1973 bringt neue Vorschriften für den Motorsport und die Straße: Die Formel 1 führt das Safety-Car ein und Deutschland 0,8 als Promille-Obergrenze. Und Ende des Jahres lähmt der erste Ölschock den Verkehr: Im November spricht die Regierung das Sonntagsfahrverbot wegen der Ölknappheit aus – nicht gut für BMW's neuesten Knaller, den 2002 turbo. Ein paar Monate zuvor weiht BMW den „Vierzylinder" ein – der neue Verwaltungsbau in München gilt als architektonisches Meisterwerk: 100 Meter hoch, Außenhaut aus Alu-Guss, Platz für 1000 Angestellte, der 22. Stock ist Vorstandetage. Davor wird das tassenförmige Museum gebaut.

Am 27. September 1973 nimmt der erste 5er-Kunde sein neues Auto in Empfang.

Im selben Jahr feiert BMW den Bau des 500.000. Motorrades und insgesamt 50 Jahre Motorradbau. Außerdem bietet BMW erstmals eine Langversion an, und zwar mit dem 3.3 L – das Auto ist 100 Millimeter länger. Und Neerpaschs 3.0 CSL ist fertig – mit bis zu 360 PS. Zusätzlich gründen die Bayern „BMW of North America", um endlich einen Fuß auf den US-Markt setzen und in der Publicity-trächtigen IMSA-Serie mitfahren zu können. Außerdem wird BMW Südafrika eröffnet.

Das Jahr 1974 hat kein Autohersteller in guter Erinnerung, auch BMW nicht: Erstmals werden mehr Fahrräder als Autos verkauft. Für Dingolfing beantragt BMW Kurzarbeit, und der Fünfer kommt mit kleinem 1,8-Liter-Motor – mit 13,9 Sekunden von 0 auf 100 km/h ist er so langsam wie ein Opel Rekord oder Ford Granada. BMW verkauft vier Prozent weniger Autos und büßt fünf Prozent Umsatz ein. Ende des Jahres warten 60.000 BMW in den Werken und bei den Händlern auf Käufer.

Auch deshalb besinnt sich BMW wieder seiner Elektro-Forschung: Unter der Projektnummer 8624 entsteht der Typ E27. Dazu werden ein gebrauchter 700 von 1965 gekauft und ein elektronisches Zündschloss zum Tippen eingebaut. Der E-Motor sitzt an der Hinterachse, die Batterien finden sich unter der Rücksitzbank. Das Auto bekommt durchaus positives Echo in der Firma.

Eine Statistik besagt, dass 1975 nur etwa 20 Prozent aller in Deutschland zugelassenen Autos Frauen gehören, und dass inzwischen mehr als 46 Prozent aller Autos weltweit mit Vorderradantrieb ausgerüstet sind – bei BMW gibt es so etwas nicht. Dafür wagen die Bayern mit der Einführung der Dreier-Reihe die Nachfolge des 02, die bislang die erfolgreichste Baureihe war. Ziel: mehr Komfort, weniger Purismus, weg von der alten Nomenklatur hin zu einer neuen. Der Ur-Dreier ist zunächst nur als Zweitürer zu haben.

Gestrichen werden dagegen alle Touring-Modelle, der 2002 turbo und der 2800. So wird 1975 wieder ein gutes Jahr für BMW: Mit 221.298 verkauften Autos knacken die Bayern erstmals die 200.000er-Grenze, der Jahresüberschuss wächst von 42 auf 74 Millionen Mark. Mit 29.000 Menschen arbeiten bei BMW mehr als je zuvor.

Der Erfolg macht BMW wieder sportlich: 1976 kommt die Sechser-Reihe mit einem eigenständigen viersitzigen Coupé. Nicht zu bezahlen für jedermann: Ein deutscher Arbeiter muss den Lohn von 22 Wochen schon für ein normales neues Auto investieren. Immerhin besitzen 60 Prozent aller Haushalte inzwischen ein Auto, fünf Prozent gar einen Zweitwagen.

Neuwagen kommen neuerdings mit Sicherheitsgurten, seit dem 1. Januar 1976 gilt die Gurtpflicht. In jenem Jahr ereignet sich auch der fürchterliche Feuerunfall, bei dem Niki Lauda auf der Nürburgring-Nordschleife nur knapp dem Tod entrinnt. Ein Menschenleben kostet der Unfall, in den auf Sardinien ein BMW-Erlkönig verwickelt ist. Trotzdem werden die insgesamt vier BMW von der Lokalpresse nicht enttarnt – es sind erste Vertreter der brandneuen Siebener-Reihe. Sie kommt im Mai 1977.

1978 rüstet Cadillac den Seville mit dem ersten Bordcomputer mit Mikro-Prozessoren (Chips) aus – BMW zieht im Herbst nach, unter anderem mit der Cruise Control. Für 2000 Mark Aufpreis ist ab Ende des Jahres im Siebener außerdem ABS an Bord. Baur kreiert auf eigenes Risiko das 3er Cabrio, darf es aber über das BMW-Händlernetz vertreiben. Und BMW-Chefkonstrukteur Radermacher präsentiert intern einen 520 mit Dieselmotor. Das Aggregat ist nur 185 Kilo schwer, leistet 115 PS und sorgt für ein Viertel weniger Verbrauch in der 175 km/h schnellen Limousine – fast schon sportlich für damalige Selbstzünder.

1979 kündigt sich die zweite Energiekrise an – gerade jetzt geht der BMW 533i in Serie. Ein Katapult auf Rädern – 200 PS stark, zunächst nur für die USA. Preis: 21.500 Dollar – ein Cadillac kostet zu diesem Zeitpunkt rund 12.500 Dollar. BMW entwickelt aber auch die digitale Motorelektronik: Ein Mikrochip synchronisiert Zündung und Benzineinspritzung, um Benzin zu sparen, mehr Leistung zu erhalten und weniger Emissionen zu produzieren. Ein technisches Highlight wird der BMW 745i, das weltweit erste Auto mit ABS serienmäßig sowie mit erstem Bordcomputer samt Außentemperaturanzeige. Er wird aber erst ab Frühjahr 1980 verkauft.

Für 6000 DM Aufpreis gegenüber der Limousine kann man beim schwäbischen Spezialunternehmen Baur einen halboffenen 3er bestellen. Insgesamt begeistern sich 4595 Kunden für den TC 320/6.

Genau zu diesem Zeitpunkt steigt der Literpreis für Benzin auf mehr als eine Mark. Dass BMW bereits zu diesem Zeitpunkt als erster Hersteller mit Wasserstoff als Antrieb im Auto experimentiert, ist wohl eher Zufall.

BMW 1802

1971 wird die Nullzweier-Reihe gründlich renoviert. Das Basisauto bleibt der BMW 1602. Alle Autos der Reihe bekommen Dreispeichenlenkräder, mehr Warnleuchten in den Instrumenten, Drehzahlbegrenzer und ab Anfang 1972 Hohlraumversiegelung.

Fast gleichzeitig gibt es auch den stärkeren 1802 als Füller der Nische zwischen 1602 und 2002. Der Zweitürer besitzt die typische 1602-Karosserie und einen 1,8-Liter-Motor, der 90 PS leistet. Der Fahrer ist in zwölf Sekunden von 0 auf 100 km/h, mit 167 km/h Spitze ist er auf der Autobahn flott unterwegs. Bei moderatem Umgang mit dem Gaspedal verbraucht der Motor des gut 10.000 Mark teuren 1802 etwa zwölf Liter Benzin.

Eine Überraschung ist der BMW 1602 Elektro von 1972, der seit 1969 in den Versuchslaboren von BMW entsteht. In zwei 1602-Modelle wird je ein Bosch-E-Motor mit 43,5 PS gepflanzt. Unter die Motorhauben passen zwölf 12-Volt-Batterien, die zusammen 350 Kilo wiegen. Die Versuchsautos schaffen den Sprint in acht Sekunden von 0 auf 100 km/h. Letztlich reicht das alles nicht für einen Serieneinsatz – die Wagen werden aber immerhin bei der Olympiade 1972 als Begleiter für den Marathonlauf genutzt und als Shuttle für das Organisationskomitee. Witzig: Die Hupe ist lauter als die der Serienautos. BMW begründet: „Bisherige Beobachtungen zeigten, dass unachtsame Fußgänger hierdurch besonders gefährdet wurden, weil sie sich offenbar nach dem gewohnten Geräusch herannahender lauter Automobile orientieren."

Techische Daten	BMW 1802
Code	114
Bauart	Limousine
Bauzeit	1971 bis 1975
Motor	Vierzylinder/Reihe
Hubraum	1766 cm^3
Leistung	90 PS bei 5250/min
Getriebe	Viergang-Handschalter
Antrieb	Hinterräder
Gewicht	970 kg
V_{max}	167 km/h

Technische Daten	BMW 1800 touring
Code	114
Bauart	Schrägheck-Limousine
Bauzeit	1971 bis 1974
Motor	Vierzylinder/Reihe
Hubraum	1766 cm^3
Leistung	90 PS
Getriebe	Viergang-Handschalter
Antrieb	Hinterräder
Gewicht	1030 kg
V_{max}	165 km/h

BMW 1600 - 2002 tii touring

1971 bringt BMW seinen ersten „touring", wie heute noch alle Kombis der Marke heißen. Dabei sind die ersten eher zweitürige Schrägheck-Limousinen. Die Karosserie hat Giovanni Michelotti gezeichnet. Das Auto ist dem VW Golf im Grunde um drei Jahre voraus, kommt aber bei den Kunden nicht so gut an wie das Stufenheckmodell.

Sie haben die Wahl zwischen diversen Motorisierungen: 1,6, 1,8 (Preis: 11.460 Mark) und zwei Liter Hubraum (ab Dezember 1972 heißt der 1800er touring 1802 und der 2000er touring 2002). Am erfolgreichsten ist der starke touring mit 15.969 Exemplaren, die anderen beiden sind weniger beliebt: Vom 1800er wird BMW gut 5000 Stück los, vom 1600er knapp 4400.

Wie bei BMW üblich gibt es auch hier einen Sportler: den touring 2000 tii (ab Dezember 1972: touring 2002 tii). Die Ingenieure entlocken dem Zweiliter-Motor 130 PS, was für 184 km/h reicht und für den Sprint in 9,4 Sekunden. Äußerlich ist er nur durch die Leichtmetallfelgen von den kleineren Varianten zu unterscheiden. Bei seinem Debüt kostet er 13.653 Mark, insgesamt greifen knapp 5800 Kunden bis Januar 1975 zu.

BMW 3.0 CSi

Anfang der 1970er Jahre stellt BMW endlich wieder neue Coupés auf die Räder, beginnend mit dem 3.0 CS, der ab April 1971 mit 180 PS für 26.975 Mark zu haben ist. Der teurere 3.0 CSi mit Karmann-Karosserie überzeugt mit einem 200 PS starken Einspritzmotor, was ihn 220 km/h schnell macht und ihn in 7,7 Sekunden auf 100 km/h beschleunigen lässt. Zur Energievernichtung stehen Scheibenbremsen rundum zur Verfügung. Im Juni 1972 ist er für etwa 30.000 Mark zu haben, ein Automatikgetriebe kostet rund 1500 Mark Aufpreis. Ab 1974 kann man auch auf eine Sparversion zurückgreifen, den nur 150 PS starken 2.5 CS. Aber die 2,5-Liter-Version will kaum jemand haben – keine 900 Stück werden vom „kleinen" Coupé gebaut, von 3.0 CS und 3.0 CSi dagegen fast 12.000 Stück.

Technische Daten	**BMW 3.0 CSi**
Code	E3
Bauart	Coupé
Bauzeit	1971 bis 1975
Motor	Sechszylinder/Reihe
Hubraum	2985 cm^3
Leistung	200 PS bei 5500/min
Getriebe	Viergang-Handschalter
Antrieb	Hinterräder
Gewicht	1380 kg
V_{max}	220 km/h

Technische Daten	BMW 3.0 CSL
Code	E9
Bauart	Coupé
Bauzeit	1972 bis 1975
Motor	Sechszylinder/Reihe
Hubraum	3153 cm^3
Leistung	206 PS
Getriebe	Viergang-Handschalter
Antrieb	Hinterräder
Gewicht	1250 kg
V_{max}	220 km/h

BMW 3.0 CSL

Die Krönung der Coupé-Reihe dieser Jahre ist die bespoilerte Power-Version 3.0 CSL, gebaut von 1973 bis 1975. In seiner schärfsten Form kommt der Straßensportler mit 206 PS aus dem auf 3,2 Liter aufgebohrten Dreiliter-Sechszylinder auf den Markt. Türen und Hauben sind aus Aluminium, das Fahrwerk ist mit unteren Dreiecks-Querlenkern mit Zugstrebe und Federbeinen sowie hinten schräg stehenden Längslenker mit Federbeinen up to date.

Das 4,63 Meter lange Auto wiegt nur 1250 Kilo, rennt 220 km/h und beschleunigt in 7,1 Sekunden von 0 auf 100 km/h. Äußerlich ist die Kraft gut zu erkennen an aerodynamischen Hilfsmitteln wie einem Leitblech an der Dachabrisskante, Leitstegen auf den Vorderkotflügeln und einem abschraubbaren Heckflügel. Weil der nicht für den öffentlichen Straßenverkehr zugelassen ist, liefert BMW das Auto mit dem Spoiler im Kofferraum aus. Nur etwa 100 Kunden leisten sich das 35.700 Mark teure Auto, aber es geht in die BMW-Annalen ein.

Zwei Jahre vorher gab es auch zivilere Varianten, zum Beispiel den gleichnamigen Wagen mit nur 180 PS (2986 Kubik) und mit 200 PS (Einspritzmotor, 3003 Kubik). Auch diese Versionen wurden mit Leder-Sportlenkrad ausgeliefert, außerdem ohne vordere Stoßstange, mit breiten Felgen und Reifen sowie mit Radlaufchrom.

Im Jahr 2015 greift BMW das Thema CSL für ein Hommage-Modell (links im Bild) noch mal auf (siehe auch S. 202).

BMW 518 - 520i

1972 macht BMW einen Riesenschritt nach vorne mit der ersten Fünfer-Reihe. Der Nachfolger des BMW 2000 ist von Grund auf neu konstruiert, die 5 soll an 501, 503 und 507 erinnern. Er lehnt sich stilistisch an die Bertone-Studie „Garmisch" an, die 1970 auf dem Genfer Salon gezeigt wurde. Der Zweilitermotor stammt noch vom Vorgänger, ist aber auf 115 PS erstarkt. Die erste Ausgabe ist bis 1976 auf dem Markt, als 520i gibt es ihn auch mit 130-PS-Einspritzer.

Ein paar Finessen machen das rund 14.500 Mark teure Auto noch extra begehrenswert: Die Instrumente leuchten orangefarben, die Zeituhr ist quarzgesteuert. Serienmäßig findet sich im Handschuhfach eine Taschenlampe mit Kontakthalterung zum automatischen Aufladen.

Die Optionsliste wird länger als bisher: Man kann ein Fünfganggetriebe oder eine Automatik bestellen, aber auch einen größeren Tank (70 statt 56 Liter). Gegen Aufpreis sind auch eine Sitzhöhen-Schnellverstellung und ein um 40 Millimeter verstellbares Lenkrad zu haben. Ab 1977 gibt es das Modell auch als 520/6 – mit Sechszylindermotor, 122 PS und neuem Styling der Felgen und des Lenkrads. Der Nachfolger hat dann als 520i 125 PS.

Vom ersten BMW 520 werden insgesamt weit mehr als 315.000 Stück verkauft. 1976 kommt eine kleine Version. Der 518 hat einen 90-PS-Vierzylinder. Fast 83.000 Käufern reicht das an Kraft, um immerhin noch 160 km/h zu erreichen. Der Einstiegspreis liegt bei 17.260 Mark.

Technische Daten	BMW 520
Code	E12
Bauart	Limousine
Bauzeit	1972 bis 1981
Motor	Vierzylinder/Reihe
Hubraum	1990 cm^3
Leistung	115 PS bei 5800/min
Getriebe	Viergang-Handschalter
Antrieb	Hinterräder
Gewicht	1230 kg
V_{max}	173 km/h

Technische Daten	BMW 528
Code	E12
Bauart	Limousine
Bauzeit	1975 bis 1977
Motor	Sechszylinder/Reihe
Hubraum	2788 cm^3
Leistung	165 PS bei 5800/min
Getriebe	Viergang-Handschalter
Antrieb	Hinterräder
Gewicht	1415 kg
V_{max}	198 km/h

BMW 525-528i

Klar, dass BMW bald die Fünfer-Reihe ausbaut – mit stärkeren Modellen. Der 525 kommt 1973 mit Sechszylindermotor und 145 PS, das Facelift von 1976 bietet schon 150 PS. Hinten gibt es größere Heckleuchten, ab 1977 verpasst BMW dem Erfolgsmodell neu gestaltete Räder und Lenkräder und rückt den Seitenspiegel in das Seitenfenster-Dreieck. Der 528 (Kaufpreis: 22.500 Mark) ist nur am Typenschild vom 525 zu unterscheiden, das Facelift von 1976 bekommt 170 PS sowie – wie der 525 – größere Heckleuchten.

Top-Modell wird der 528i mit 177 PS, was für 208 km/h Spitze reicht. Er kostet im August 1977 noch 26.850 Mark (Automatikaufpreis rund 1500 Mark), im Januar 1981 sind es schon 32.450 Mark. Auch die großen Fünfer sind erfolgreich: Insgesamt werden von allen Modellen des 525 und 528 fast 250.000 Stück gebaut.

BMW 2002 turbo

Der erste Serien-BMW mit Turbolader ist im August 1973 eine gewollte Provokation. Der Frontspoiler besitzt zuerst einen Turbo-Schriftzug in Spiegelschrift, der die Vorausfahrenden „warnen" soll – laut *Spiegel* eine „Kriegsbemalung", worauf die SPD im Bundestag anfragen lässt, was man gegen solche Auswüchse unternehmen könne. BMW lenkt ein und verzichtet in der Serie darauf.

Das Auto besitzt eine Ladedruckanzeige, aber keine Servolenkung. Serie ist ein Vierganggetriebe, gegen Aufpreis kann man auch fünf Gänge bekommen. Mit 211 km/h ist der BMW 2002 turbo der Kaiser auf der Autobahn, mit knapp sieben Sekunden von Null auf 100 km/h der Ampelkönig – aber er kommt zur falschen Zeit. Letztlich werden nur 1672 Stück gebaut, denn der Preis des Autos wächst so rasant wie die Angst der Fahrer vor der Benzinknappheit: Kostet er im September 1973 noch 18.720 Mark, sind es sechs Monate später bereits 19.980 Mark. Weitere drei Monate später muss man 20.780 Mark dafür hinlegen.

Technische Daten	**BMW 2002 turbo**
Code	E10T
Bauart	Limousine
Bauzeit	1973 bis 1975
Motor	Vierzylinder/Reihe mit Turbolader
Hubraum	1990 cm^3
Leistung	170 PS bei 5800/min
Getriebe	Viergang-Handschalter
Antrieb	Hinterräder
Gewicht	1035 kg
V_{max}	211 km/h

BMW 1502

1975 greift BMW nicht zuletzt wegen des Ölpreisschocks noch einmal auf die alte 02er Reihe zurück und bietet mit dem 1502 ein echtes Spar-Modell an. Er besitzt den Motor des 1602, der aber niedriger verdichtet ist und mit 75 PS zehn Pferdchen weniger Leistung hat. Das befähigt ihn allerdings, sich mit Normalbenzin zufriedenzugeben. Statt Doppel-Zweikreis-Bremsanlage kommt der 1502 nur mit einer einfachen und gegenüber den stärkeren Modellen fehlen ein paar Zierleisten. Der neue Einstieg in die BMW-Welt kostet 11.390 Mark. Fast 72.000 Kunden nehmen das Angebot gerne an.

Technische Daten	BMW 1502
Code	114
Bauart	Limousine
Bauzeit	1975 bis 1977
Motor	Vierzylinder/Reihe
Hubraum	1573 cm^3
Leistung	75 PS bei 5800/min
Getriebe	Viergang-Handschalter
Antrieb	Hinterräder
Gewicht	980 kg
V_{max}	157 km/h

Technische Daten	BMW 320i
Code	E21
Bauart	Limousine, Cabriolet (Baur)
Bauzeit	1975 bis 1977
Motor	Vierzylinder/Reihe
Hubraum	1977 cm^3
Leistung	125 PS bei 5700/min
Getriebe	Viergang-Handschalter
Antrieb	Hinterräder
Gewicht	1080 kg
V_{max}	182 km/h

BMW 316 - 320i

1975 bringt BMW die erste Dreier-Reihe nach neuer Zeitrechnung, und das gleich in mehreren Ausführungen – sie soll mit all ihren Nachfolgern ein Riesenerfolg werden. Bei den Vierzylindern beginnt das Portfolio mit dem 90 PS starken 316, reicht über den 98 PS starken 318, den 318i mit Einspritzmotor und 105 PS, den 320 mit 109 PS bis hin zum 320i mit 125 PS. Letzterer kostet knapp 18.000 Mark und ist das einzige Modell der 3er-Reihe, das Superbenzin benötigt. Der 316 kostet anfangs 13.970 Mark. Gleichzeitig wird das Auto als Cabriolet mit Karosserie von Baur angeboten.

BMW verkauft mehr als 800.000 Stück dieser Modelle – und damit haben die Bayern voll ins Schwarze getroffen. 1981 schiebt BMW noch ein Sparmodell nach, den 315. Der bietet 75 PS für 15.850 Mark.

BMW 320/6 - 323i

Dreier-Reihe gut und schön – aber die Kunden wollen mehr Kraft. Und BMW reagiert: Sechszylindermotoren müssen her. Ab 1977 gibt es den 320 mit sechs Töpfen. Optisch lässt sich die leistungsfähigere 122-PS-Ausführung an dem markanten Doppelscheinwerfergrill und den doppelten Auspuffrohren erkennen, außerdem verfügt der Sechszylinder über eine stärkere elektrische Anlage. Der 320/6 reicht für 181 km/h Spitze und lässt sich für 17.980 Mark ordern.

Zwei Monate später legt BMW nach mit dem 323i für 20.350 Mark: 143 PS reichen für den Sprint in 9,5 Sekunden, die Höchstgeschwindigkeit beträgt 192 km/h. Mit 13 Litern Benzin auf 100 Kilometern (mit Automatikgetriebe noch einmal einen halben Liter mehr) ist das Auto aber selbst für damalige Verhältnisse kein Kostverächter. Doch das interessiert die Käufer kaum – sie schätzen die neuen Reihensechszylinder-Triebwerke wegen ihrer hohen Leistung, der Drehfreudigkeit und der ausgezeichneten Laufkultur. Vier Scheibenbremsen sorgen für adäquate Verzögerung.

Insgesamt werden mehr als 1,36 Millionen Dreier-BMW der Baureihe E21 gebaut – inklusive der etwa 3000 Hardtop-Cabrios, die Baur für einen Aufpreis von rund 6000 Mark aus den Limousinen fertigt.

Technische Daten	BMW 323i
Code	E21
Bauart	Limousine, Cabriolet (Baur)
Bauzeit	1978 bis 1982
Motor	Sechszylinder/Reihe
Hubraum	2315 cm^3
Leistung	143 PS bei 6000/min
Getriebe	Viergang-Handschalter
Antrieb	Hinterräder
Gewicht	1180 kg
V_{max}	192 km/h

Technische Daten	635 CSi
Code	E24
Bauart	Coupé
Bauzeit	1978 bis 1987
Motor	Sechszylinder/Reihe
Hubraum	3453 cm^3
Leistung	218 PS bei 5200/min
Getriebe	Fünfgang-Handschaltung
Antrieb	Hinterräder
Gewicht	1520 kg
V_{max}	222 km/h

BMW 630 CS - 635 CSi

BMW-Fahrer sind und bleiben sportlich – deshalb bietet BMW ab März 1976 ein viersitziges Coupé auf Fünfer-Basis an, das fortan als Sechser bezeichnet wird. Die Karosserie fertigt Karmann (etwa zehn Stück pro Tag), drei Motoren stehen zur Wahl – natürlich allesamt Sechszylinder. Den Einstieg markiert der 630 CS mit drei Litern Hubraum, Doppelvergaser und 185 PS. Er besitzt erstmals im Automobilbau die Hydrolenkung serienmäßig (Servolenkung, die sich bei niedrigen Drehzahlen ein- und bei hohen ausschaltet), ebenso das Check-Control-Board (Computer für Warnmeldungen aller Art). Vier Gänge müssen reichen, 211 km/h Spitze reichen allemal.

Der 628 CSi folgt dem CS nach nur drei Jahren Bauzeit. Er besitzt zwar jetzt den 2,8-Liter-Einspritzmotor, hat aber ein PS weniger Kraft als der CS und ist in der Spitze um drei km/h langsamer. Wem das alles zu lahm ist, der kann auch zum 633 CSi greifen mit 200 PS. Top-Modell ist der 635 CSi mit 3453 Kubik und 218 PS. Es kommt mit breiten Felgen, Recaro-Sitzen und serienmäßig mit Fünfganggetriebe. Auch eine Automatik ist gegen Aufpreis erhältlich. Äußerlich ist er nur an einem Frontspoiler, einer Gummilippe auf dem Kofferraumdeckel und seitlichen Zierstreifen zu erkennen. Preis: fast 50.000 Mark.

Der Gran Turismo wird in all seinen Versionen insgesamt rekordverdächtige 13 Jahre lang angeboten.

BMW 728 – 745i

Technische Daten	BMW 728
Code	E23
Bauart	Limousine
Bauzeit	1977 bis 1979
Motor	Sechszylinder/Reihe
Hubraum	2788 cm^3
Leistung	170 PS
Getriebe	Viergang-Handschalter
Antrieb	Hinterräder
Gewicht	1530 kg
V_{max}	192 km/h

Als Nachfolger des 2.8 L stellt BMW 1977 eine völlig neue Oberklasselimousine vor, die Siebener-Reihe. Das Einstiegsmodell ist der 728 mit 2,8-Liter-Sechszylindermotor (wie bei allen Siebenern) und 170 PS für 29.300 Mark. Neu ist unter anderem ein elektronischer Tachometer. Der 728i mit 184 PS löst den 728 zwei Jahre später ab. So viel leistet auch der 730 ab 1977, der Motor hat jedoch 2986 Kubikzentimeter. Äußerlich ist er nicht vom 728 zu unterscheiden, aber er besitzt andere Spurweiten, breitere Reifen, eine kürzere Achsübersetzung, eine Fondsitzbank mit Einzelsitzmulden und Kopfstützen.

Neu im Siebener ist das „Check-Control-Board", das bislang nur im Sechser verbaut ist. Wer es noch stärker will, kann zum 733i (ab 1979: 732i) greifen mit 3210 Kubik großem Sechszylinder (197 PS), der für 205 km/h Spitze sorgt. Serienmäßig gibt es wärmedämmendes Glas, mehr Innenausstattung und den Verbandkasten in der Mittelarmlehne. Neu sind Doppelgelenk-Federbein-Achse, hydraulische Hilfskraftbremse, kombinierte Zentralhydraulik, Heizdrähte in der Fahrertür-Klinke, Zentralverriegelung serienmäßig (war zuvor bei BMW nicht zu haben). In Top-Ausstattung kommt das Auto mit 29 Elektromotoren.

Den nächsten Schritt markiert der 735i, mit noch größerem Motor (3453 Kubik), 218 PS und 212 km/h Top-Speed. Im August 1979 kostet so ein Auto bereits 43.750 Mark. Top-Modell ist der 745i (1980 bis 1986): zuletzt 252 PS stark, 3430 Kubik groß, 227 km/h schnell. Der 745i ist das erste Serienfahrzeug der Welt, das ab Werk mit Antiblockiersystem und Bordcomputer ausgestattet ist. Der Sechszylinder besitzt erstmals einen KKK-Turbolader, was mit 3,2 Litern Hubraum 252 PS ausmacht. Das hat seinen Preis: 52.000 Mark.

BMW und die Designer II

Paul Bracq wird 1933 in Bordeaux geboren und beginnt nach seiner Ausbildung an der Ecole Boulle für Design in Paris 1953 seine Karriere in der Firma des Designers Philippe Charbonneaux. Seinen Wehrdienst leistet er in Deutschland – und bleibt dort. Von 1970 bis 1974 bestimmt er das Design der bayerischen Marke. Zu seinen wichtigsten Arbeiten bei BMW gehören die erste 5er Reihe, der BMW Turbo, die erste 3er Reihe, die 6er Reihe und der M635 CSi.

Giorgio Giugiaro (Jahrgang 1938) gehört zu den wenigen Designern, die für so gut wie jeden bedeutenden Hersteller gearbeitet haben. Nach seinem Abschluss an der Kunstschule in Turin arbeitet er 1955 bis 1960 bei Fiat, bevor er bei Bertone anfängt. 1965 geht er zu Ghia. 1968 gründet er mit Aldo Mantovani seine eigene Firma Italdesign. Das Unternehmen hat enormen Erfolg mit populären Produkten – aber auch mit Einzelstücken und Sonderanfertigungen. Wie dem BMW M1.

Ercole Spada (Jahrgang 1937) gehört zur gleichen Generation wie Marcello Gandini und Giorgio Giugiaro. Einen Namen macht er sich zunächst bei Zagato, wo er während der 1960er Jahre angestellt ist. Von 1976 bis 1983 arbeitet er bei BMW unter Claus Luthe. Ihm wird besonders das Design der Siebener-Reihe E32 und der Fünfer-Reihe E34 zugeschrieben, aber auch die zweite Generation des Dreiers, M5, M3 und die dritte Generation des Siebeners fallen in seine Zeit.

Der BMW Turbo

Am 23. August 1972 überrascht BMW die Öffentlichkeit mit einem Supersportwagen, dem BMW Turbo. Schon die Karosserie ist der Hammer: flach, keilförmig und Flügeltüren hat das Auto auch noch. Paul Bracq – der neue BMW-Designchef – und Technikchef Bernhard Osswald haben die Idee für das Mittelmotor-Coupé. Bei Michelotti geben sie zwei Prototypen in Auftrag. Vorgabe: Front und Heck aus nichtplatzendem Plastik, Türpfosten als Überrollbügel, aufrollbare Sicherheitsgurte, die erst bei richtiger Handhabung den Gesamtstromkreis schließen. Noch weitere Gimmicks: Bremsabstandsradar mit Motordrosselung, Querbeschleunigungsmesser und Bremsbelag-Verschleißanzeige … Den Motor hat sich der BMW Turbo aus dem 2002 tii geliehen, der nun aber mit Turbolader bestückt ist, was 280 PS bringt. Das Mittelmotor-Coupé wiegt nur 980 Kilo. Rundum arbeiten innenbelüftete Scheibenbremsen, hinten sind die Bremssättel schwimmend gelagert. Das gut vier Meter lange Coupé rennt 250 km/h, null auf hundert gelingt in 6,6 Sekunden. 110 Menschen melden sich dem Vernehmen nach bei Bob Lutz, die sofort 500.000 Mark für so ein Auto hinlegen würden. Da kommt die Idee zum Serienbau – allerdings mit Dreiliter-Sechszylinder für 120.000 Mark.

Letztlich ist der Supersportler nie zu kaufen – es bleibt bei den beiden Prototypen.

Kapitel 5

Zeit der Moderne

Reihensechszylinder mit Wirbelkammer-Brennverfahren und Abgasturbolader: 115 PS aus 2443 Kubikzentimetern erzeugt das Triebwerk und sorgt im 524td – dem damals „schnellsten Seriendiesel der Welt" – für eine Beschleunigung von null auf 100 km/h in 12,9 Sekunden.

Meisterschaft und beginnt eine Serie, die bis 1990 anhalten wird. In den Werken forciert BMW die Automatisierung: Mit dem Kauf von 200 Fertigungsrobotern steigert die Firma ihren Automatisierungsgrad von 46 auf 92 Prozent.

1985 beträgt der Weltbestand an Motorfahrzeugen 361 Millionen Stück – da ist noch viel mehr drin. BMW gründet die Technik GmbH als „Think Tank" im Münchener Stadtteil Moosach. Ingenieure können dort ihre Ideen und Projekte verwirklichen. Da das meistens im Verborgenen passiert, heißen die Vorhaben bald „U-Boot-Projekte". So wird der Z22 entwickelt, das erste Mechatronic-Auto der Welt.

1986 feiert die Welt „100 Jahre Auto" – und es ist kein Ende abzusehen. In Deutschland sind 1987 knapp 25 Millionen Autos im Betrieb, die Kunden bevorzugen bei Neuwagenkauf die „Farbe" Grau. Grau ist allerdings auch die Luft in Berlin, die als erste deutsche Stadt die Smog-Warnstufe 1 ausruft. Unterdessen werden Vierventil-Motoren langsam Standard, und Spoiler und breitere Schweller sind bei den Deutschen sehr beliebt.

Siegeszug der Elektronik

1981 gründet BMW als erste deutsche Marke eine Werksniederlassung in Japan, und der Club of Rome orakelt, dass Mikroelektronik gleichermaßen ins Paradies und in die Hölle führen kann (und gar nicht weiß, wie recht er damit hat). Musikalisch schwimmt sich Deutschland frei mit der aufkommenden Neuen Deutschen Welle, die von Trios „Dadada" bis Hubert Kahs „Sternenhimmel" alles Mögliche hervorbringt, unter anderem den Vollgas-Hit für die automobile Spaßgesellschaft von Markus: „Ich will Spaß".

Der Diesel-Deal, den BMW Anfang der 1980er Jahre mit Steyr eingegangen ist, geht dagegen in die Brüche. Dennoch kündigt BMW für 1983 einen ersten Dieselmotor an. Und der sportliche Erfolg setzt sich fort: 1983 wird BMW mit seinen Motoren erstmals Formel-1-Weltmeister. 1984 gewinnt BMW erstmals die neu ausgeschriebene Deutsche Tourenwagen

Während Honda mit der Vierradlenkung kommt, führt BMW die elektronische Drosselklappenregelung ein – das elektronische Gaspedal ist erfunden. Es sitzt zuerst im 750i als „E-Gas". Doch erst ab 2001 werden alle BMW-Sechszylinder mit dem elektronischen Gaspedal ausgerüstet. Ab dem BMW 735i gibt es außerdem die Automatische Stabilitäts-Kontrolle. Das System verhindert das Durchdrehen der Antriebsräder. BMW-Ingenieure entwickeln dann auch noch einen V16-Motor. Der bekommt den Namen „Goldfisch", wird aber nur für Demonstrationszwecke vorgeführt.

Zeigen was technisch machbar ist: Der BMW E32 767iL V16 „Goldfisch" hat einen 6,7-Liter-V16 mit über 400 PS im Bug und mächtige Kühler mit Lufthutzen an der Seite im Heck.

In den Achtzigern nimmt das Thema Elektronik immer mehr Raum ein, nicht nur in der Entwicklung, auch im Auto: Elektrikschema mit meterlangen Kabelsträngen eines 7er (E32).

Ende der achtziger Jahre beginnt die Elektronik ihren Siegeszug im Auto: 1988 wird die Antriebsschlupfregelung Massentechnologie, die Stotterbremse ABS zieht ins Motorrad ein. Ein Jahr später werden nur noch Neuwagen mit Katalysator zugelassen. BMW bringt ASC+T: Im 850i arbeitet das ASC nun auch noch mit gezieltem Bremseingriff. Immerhin 70 Prozent aller erwachsenen Deutschen besitzen einen Führerschein – und der Trabant wird das Symbol der Deutschen Wiedervereinigung, die am 3. Oktober 1990 vollzogen wird.

1984 ist die Geburtsstunde der Deutschen Tourenwagenmeisterschaft (DTM), die damals noch Deutsche Produktionswagenmeisterschaft heißt. Das Schweizer Team Brun Motorsport bringt einen BMW 635 CSi an den Start; als Piloten kommen Hans-Joachim Stuck und Manfred Winkelhock zum Einsatz. Als erster Gesamtsieger lässt sich Volker Strycek in die Statistik eintragen – ebenfalls auf einem BMW 635 CSi.

Philips stellt mit „Carin" das erste echte Navigationssystem vor, es arbeitet mit Satelliten und CDs. Allerdings bietet BMW das System erst ab 1994 im 7er auf Wunsch an. Kosten: 6900 Mark. Inzwischen sind auch die ersten Sechsganggetriebe auf dem Markt, und ebenfalls 1990 gründet BMW die BMW Rolls-Royce GmbH, um neue Triebwerke für Geschäfts- und Regionalflieger zu bauen.

Ein Familiendrama im Hause von BMW-Chefdesigner Claus Luthe, der in einem Streit seinen Sohn tödlich verletzt, sorgt für einen – für die Formensprache des Münchener Autobauers entscheidenden und prägenden – Führungswechsel: Chris Bangle übernimmt die Verantwortung im Design-Bereich.

Technische Daten	BMW 518
Code	E28
Bauart	Limousine
Bauzeit	1981 bis 1984
Motor	Vierzylinder/Reihe
Hubraum	1766 cm³
Leistung	90 PS bei 5500/min
Getriebe	Fünfgang-Handschalter
Antrieb	Hinterräder
Gewicht	1160 kg
V_{max}	164 km/h

BMW 518

Die zweite Generation der Fünfer-Reihe kommt 1981 auf den Markt. Auf den ersten Blick haben sich nur Front- und Heckpartie geändert. Aber die Bayern legen sukzessive nach: Ab 1982 ist elektronisch gesteuertes ABS zu haben (ab 1986 serienmäßig), und ab 1983 gibt es den Fünfer erstmals mit Dieselmotor, wie von BMW angekündigt.

Der BMW 518 markiert den Nachfolger der ersten Fünfer-Reihe mit dem kleinsten Motor und ist der einzige neue Fünfer mit nur vier Zylindern. Bis 1984 muss er mit einem 90 PS starken Vergasermotor auskommen (1984 wird aus dem 518 der 518i mit 105 PS starkem Einspritzmotor). Damit ist ein Top-Tempo von 164 km/h drin, für den Sprint werden 13 Sekunden benötigt. Dach- und Seitenteile stammen noch vom Vorgänger, die Radaufhängungen sind nach Siebener-Vorbild konstruiert. Der Tank liegt nun vor der Hinterachse sicher verstaut. Innen besticht eine neue Service-Intervallanzeige. Basispreis: knapp 21.000 Mark

Technische Daten	BMW 528i
Code	E28
Bauart	Limousine
Bauzeit	1981 bis 1987
Motor	Sechszylinder/Reihe
Hubraum	2788 cm^3
Leistung	184 PS bei 5800/min
Getriebe	Fünfgang-Handschalter
Antrieb	Hinterräder
Gewicht	1320 kg
V_{max}	209 km/h

BMW 520i - 528i

Passend zur Fahrzeuggröße stattet BMW den Rest des neuen Fünfer-Portfolios mit Sechszylindertriebwerken aus. Das kleinste Modell kommt als 520i mit Zweilitermotor und 125 PS, besitzt aber gegenüber dem 518 zusätzlich Servolenkung, eine Service-Intervallanzeige und eine elektronische Heizungs-Temperaturregelung. Der nächststärkere Fünfer ist der 525i mit 150 PS. Der will mit zusätzlicher Ausstattung überzeugen wie Check-Control-Einheit im Polsterteil zwischen den Sonnenblenden und Fahrersitz-Höhenverstellung. Top-Modell ist der 528i mit 184 PS und 240 Nm Drehmoment. Es besitzt in Serie ein Fünfganggetriebe mit Spargang, Radvollblenden und ein System gegen das Eintauchen des Hecks beim Anfahren. Für 1850 Mark gibt es für den 32.450 Mark teuren 528i ein Automatikgetriebe.

M-SZ 457

BMW 524d - 524td

Nun zieht auch der Dieselmotor in die mittelgroße BMW-Klasse ein, und zwar zunächst mit Turbolader. Der 524td kommt mit 115 PS und kostet 33.850 Mark. Schon ein halbes Jahr später, im April 1986, folgt der 524d mit 86 Pferdestärken.

Technische Daten	BMW 524td
Code	E28
Bauart	Limousine
Bauzeit	1981 bis 1988
Motor	Sechszylinder-Turbodiesel/Reihe
Hubraum	2443 cm^3
Leistung	115 PS bei 4800/min
Getriebe	Fünfgang-Handschalter
Antrieb	Hinterräder
Gewicht	1390 kg
V_{max}	180 km/h

BMW 316 - 318i

Nach dem großen Erfolg der Dreier-Reihe präsentiert BMW 1982 die zweite Generation der Mittelklasse, wiederum als Limousine und Baur-Cabriolet. Der C_W-Wert verbessert sich im Vergleich zum Vormodell von 0,45 auf 0,38. BMW spendiert neue Motoren, neue Fahrwerke und leichtere Getriebe. Auch die Dimensionen ändern sich. Die zweite Generation ist um 30 Millimeter kürzer, wächst aber um 35 Millimeter in die Breite; der Radstand verlängert sich um 7 mm. Baur steuert wieder sein Hardtop-Cabrio bei zu einem Aufpreis von nun rund 7000 Mark.

Ab 1987 besitzen alle E30 Katalysatoren. Das Vierzylinder-Portfolio des E30 startet beim BMW 316 mit 90 PS, dazu gesellt sich der 318i mit 1,8-Liter-Einspritzer und 105 PS. Den günstigsten Dreier gibt es ab 19.250 Mark, die 15 PS stärkere und um neun km/h schnellere Variante kostet schon 21.500 Mark.

Technische Daten	BMW 316
Code	E30
Bauart	Limousine (2- und 4-türig), Cabriolet (Baur)
Bauzeit	1982 bis 1988
Motor	Vierzylinder/Reihe
Hubraum	1766 cm^3
Leistung	90 PS bei 5500/min
Getriebe	Fünfgang-Handschalter
Antrieb	Hinterräder
Gewicht	990 kg
V_{max}	175 km/h

Technische Daten	BMW 323i
Code	E30
Bauart	Limousine (2- und 4-türig), Cabriolet
Bauzeit	1982 bis 1986
Motor	Sechszylinder/Reihe
Hubraum	2316 cm^3
Leistung	139 PS bei 5300/min
Getriebe	Fünfgang-Handschalter
Antrieb	Hinterräder
Gewicht	1080 kg
V_{max}	202 km/h

BMW 320i - 325i

Die BMW-Kunden fordern Sechszylinder in den Autos aus Bayern, und BMW bringt sie: Der Zweiliter-Motor im 320i leistet 125 PS und kostet 24.550 Mark, die 2,3-Liter-Maschine im beliebten 323i kommt mit 139 PS für 27.400 Mark. 1985 wird er durch den 325i ersetzt mit 171 PS. Ab 1986 übernimmt BMW selber den Bau des Cabriolets – es wird ein wunderschönes Vollcabrio.

BMW 325e

Die Umweltdiskussion führt zum ersten BMW mit Katalysator, dem 325e. Der 325Eta – benannt nach dem griechischen Buchstaben für den physikalischen Wirkungsgrad – ist konzeptioniert als umweltfreundliche und sparsame Alternative zum Dieselmotor. Der Motor samt elektronischer Benzineinspritzung Bosch-Motronic ist mit 2693 Kubikzentimetern absichtlich großvolumig und gedrosselt, zur Abgasreinigung sind ein Dreiwege-Katalysator und eine Lambda-Sonde nachgeschaltet. Das Modell kann mit Normalbenzin betrieben werden, ein Bosch-ABS gibt es gegen Aufpreis. Der Verbrauch bleibt – nach Fahrtests der Fachpresse – bei stets unter 10 Litern, wer den Drosselmotor allerdings zu ausgiebig leistungsfordernd beansprucht, muss auch mit 13 Litern auf 100 Kilometer rechnen – mit Automatikgetriebe ist es noch ein halber Liter mehr. Nach nur einem Jahr erhält das Auto den Namen 325i KAT. Der Zweitürer wird mit 30.900 Mark gehandelt.

Technische Daten	**BMW 325e**
Code	E30
Bauart	Limousine (2- und 4-türig)
Bauzeit	1983 bis 1988
Motor	Sechszylinder/Reihe
Hubraum	2693 cm^3
Leistung	122 PS bei 4250/min
Getriebe	Fünfgang-Handschalter
Antrieb	Hinterräder
Gewicht	1120 kg
V_{max}	193 km/h

BMW 525e

Jetzt ist der 525 als Kat-Auto zu haben und bekommt den Namen 525e. Er besitzt denselben Motor wie der 325e, der aber sieben PS stärker ist und etwas höher dreht. Der Sprint gelingt in 12,5 Sekunden; laut Werksangabe liegt der Verbrauch bei 10,5 Liter auf 100 Kilometer. Dafür muss man aber auch schon knapp 35.000 Mark ausgeben.

Technische Daten	BMW 525e
Code	E28
Bauart	Limousine
Bauzeit	1981 bis 1987
Motor	Sechszylinder/Reihe
Hubraum	2693 cm^3
Leistung	129 PS bei 4800/min
Getriebe	Fünfgang-Handschalter
Antrieb	Hinterräder
Gewicht	1270 kg
V_{max}	189 km/h

Technische Daten	BMW 325iX
Code	E30
Bauart	Limousine (2- und 4-türig), Kombi
Bauzeit	1985 bis 1991
Motor	Sechszylinder/Reihe
Hubraum	2494 cm^3
Leistung	171 PS bei 5800/min
Getriebe	Fünfgang-Handschalter
Antrieb	Allrad
Gewicht	1215 kg
V_{max}	212 km/h

BMW 325iX

Er besitzt dezente Seitenschweller und die Bezeichnung „iX" am Heck, aber die eigentliche Sensation steckt unter dem Blech: Mit dem 325iX bringt BMW sein erstes Allradfahrzeug nach dem Zweiten Weltkrieg heraus, ausschließlich als zwei- und viertürige Limousine. Der Allradantrieb ist permanent ausgelegt, das System besitzt ein zentrales Planetendifferenzial mit einer Drehmomenten-Verteilung von 37 Prozent vorne und 63 Prozent hinten. Dazu gibt es Visco-Sperren für das zentrale und das hintere Differenzial. Den Antrieb der 1215 Kilogramm schweren Limousine übernimmt ein Sechszylinder-Reihenmotor mit 171 PS. Die Basis-Version ist ab dem 2. September 1985 für 42.500 Mark zu haben. Auch der iX ist ohne und mit Katalysator zu haben. Ab 1988 gibt es den Allradler auch als touring-Variante.

BMW 325iX mit E-Antrieb

Spätestens seit dem BMW 1602 von 1972 sind die Bayern ernsthaft auf der Suche nach alternativen Antrieben. Der nächste Schritt im Rahmen des Forschungsprojekts „Elektroauto mit Hochenergiebatterie“ sind acht umgerüstete BMW 325 iX mit den Karosserieformen Limousine, Coupé und Kombi (touring). Vom Allradantrieb bleibt nur die angetriebene Vorderachse übrig, außerdem bekommen sie eine neue und wartungsfreie Natrium-Schwefel-Batterie mit großer Energiedichte. Für die Forschung baut BMW einen speziellen Prüfstand mit integriertem Leistungsrechner. Ebenfalls neu ist das elektronische Antriebsmanagement, das die Aufladung an der Steckdose, den Energiefluss zwischen Motor und Batterie sowie den Thermohaushalt des Systems regelt. Erstmals wird ein Dreier-touring mit E-Antrieb als Postauto eingesetzt, weitere dienen Kommunen und Landesbehörden. Zu kaufen ist das Auto jedoch nicht.

Technische Daten	BMW 325iX (Prototyp E-Antrieb)
Code	E30
Bauart	Limousine, Kombi, Coupé
Bauzeit	1985
Motor	Elektro-Motor
Hubraum	entfällt
Leistung	k.A.
Getriebe	stufenlos
Antrieb	Vorderräder
Gewicht	1215 kg
V_{max}	100 km/h

BMW 324d - 324td

Ein Novum stellt der Dieselmotor in der Dreier-Reihe dar. Der 324d, der von 1985 bis 1991 mit 86 PS starkem Wirbelkammer-Reihensechszylinder angeboten wird, kostet bei seinem Erscheinen 27.450 Mark. Ab 1987 bietet BMW eine zweite Variante an, den 324td. Der besitzt einen Garrett-Turbolader und leistet 115 PS.

Technische Daten	**BMW 324d**
Code	E30
Bauart	Limousine (2- und 4-türig)
Bauzeit	1985 bis 1990
Motor	Sechszylinder/Reihe
Hubraum	2443 cm^3
Leistung	86 PS bei 4600/min
Getriebe	Fünfgang-Handschalter
Antrieb	Hinterräder
Gewicht	1225 kg
V_{max}	165 km/h

BMW 316i touring - 325iX touring

Den ersten Kombi vom Dreier gibt es zunächst als 325i, die eigentliche Produktion beginnt 1988. Letztlich hat der Kunde die Wahl zwischen 316i, 318i, 320i, 323td, 325i und 325iX. Der kleine Kombi wird ein voller Erfolg und eine feste Säule im BMW-Portfolio – die Kunden nutzen den Wagen allerdings weniger als Arbeitsgerät, sondern immer öfter für die neu erwachenden Freizeitaktivitäten, um Sportgeräte zu transportieren. Insgesamt werden weit mehr als 100.000 E30-Kombis produziert. Die technischen Daten entsprechen denen der Limousine, bis aufs Gewicht.

Technische Daten	**BMW 316i touring**
Code	E30/5
Bauart	Kombi
Bauzeit	1991 bis 1994
Motor	Vierzylinder/Reihe
Hubraum	1596 cm^3
Leistung	100 PS bei 4250/min
Getriebe	Fünfgang-Handschalter
Antrieb	Hinterräder
Gewicht	1170 kg
V_{max}	185 km/h

BMW 728i - 745i (Facelift)

BMW überarbeitet die Siebener-Serie hauptsächlich, um Gewicht und Verbrauch zu reduzieren. Die Top-Reihe erhält eine Front mit nun gequetschter Niere, wobei auch der Lufteinlass im Grill kleiner wird. Technisch gibt es einen größeren Tank, eine stärkere Lichtmaschine und ein neues Getriebe. Ab 1984 sind alle Siebener serienmäßig mit ABS ausgestattet. Die Modelle 735i Executive und 745i Executive erhalten eine sehr teure Luxusausstattung. Im Mai 1986 endet die Produktion der Baureihe E23.

Technische Daten	BMW 745i
Code	E23
Bauart	Limousine
Bauzeit	1982 bis 1986
Motor	Sechszylinder/Reihe
Hubraum	3430 cm^3
Leistung	252 PS
Getriebe	Fünfgang bis Handschaltung
Antrieb	Hinterräder
Gewicht	1550 kg
V_{max}	220 km/h

BMW 730i - 735i

Der Siebener kommt in neuer Generation mit dem internen Code E32 völlig überarbeitet – und begeistert die Kunden auf Anhieb, weil er sich nicht wuchtig, sondern formschön gibt und sichtbar nicht der Doktrin des Windkanals unterworfen ist. BMW-Chef Eberhard von Kuenheim sagt dazu: „Wir verkaufen Autos und keine C_W-Werte." Die neue Reihe ist mit besonders viel Elektronik ausgestattet. Außerdem gibt es erstmals (gegen Aufpreis) automatisch ausfahrbare Kopfstützen für die Fondpassagiere. Ein Computer checkt die Fahrzeugfunktionen während des Betriebes und speichert eventuelle Fehler zur späteren Auslesung. Zusätzlich ist der Wagen mit Antischlupfsystem ausgerüstet, die Scheibenwischer arbeiten sogar mit unterschiedlichem Anpressdruck. Erstmals ist bei BMW ein Fahrerairbag zu haben, der allerdings noch Aufpreis kostet.

Den Einstieg in die neue Siebener-Welt bildet der 730i mit Reihensechser und 184 PS, der oberklassenwürdige 57.000 Mark kostet. Die nächste Stufe zündet der 735i mit 211 PS für 69.000 Mark. Das Top-Modell, der 750i, folgt erst ein Jahr später.

Technische Daten	BMW 730i
Code	E32
Bauart	Limousine
Bauzeit	1986 bis 1994
Motor	Sechszylinder/Reihe
Hubraum	2986 cm^3
Leistung	188 PS bei 5800/min
Getriebe	Fünfgang-Handschalter
Antrieb	Hinterräder
Gewicht	1570 kg
V_{max}	220 km/h

BMW 750iL

Der 750i der neuen E32-Baureihe kommt 1987 – und begeistert als stärkster Konkurrent der Mercedes S-Klasse mit überbordendem Luxus. Denn im 750i steckt der erste deutsche Zwölfzylinder nach dem Krieg. Unter der Haube werden in fünf Litern Hubraum 300 PS erzeugt. Das hat natürlich seinen Preis: Wer zeigen will, was er sich leisten kann, muss mindesten 130.000 Mark auf den Tisch der Bayern blättern. Dass BMW lange an dem Aggregat gearbeitet hat, ist bekannt – dass es jetzt schon kommt, nicht: Mercedes wird geradezu übertölpelt, und die Stuttgarter haben zunächst nichts dagegenzusetzen. Als Mercedes endlich nachzieht, einigt man sich freiwillig auf das teilweise noch heute geltende, elektronisch begrenzte Tempolimit von 250 km/h.

Optisch zu unterscheiden ist der Zwölfer-BMW von seinen „kleineren" Siebener-Geschwistern nur an der breiteren Niere und dem Doppelrohr-Auspuff. Als „2L" besitzt er einen um 114 Millimeter längeren Radstand, was letztlich insgesamt fast drei Meter Abstand zwischen den beiden Achsen bedeuten.

Technische Daten	BMW 750iL
Code	E32
Bauart	Limousine
Bauzeit	1987 bis 1994
Motor	V12
Hubraum	4988 cm³
Leistung	300 PS bei 5200/min
Getriebe	Fünfgang-Automatik
Antrieb	Hinterräder
Gewicht	1830 kg
V_{max}	250 km/h

750iL
M-YM 6331

BMW Z1 Roadster

1987 steht auf der IAA in Frankfurt ein kleiner Roadster, der die Fans vollauf begeistert: der Z1 (das Z steht für „Zukunft“). Die Türen werden zum Ein- und Aussteigen in den hohen Schwellern versenkt, und so kann und darf auch gefahren werden. Bis heute ist der Z1 der einzige Serienroadster mit einer derartigen Konstruktion. Die übrigens von Ulrich Bez stammt, der später lange Jahre Aston Martin über Wasser hält: Bez ist Mitte der 1980er Jahre Chef der neu gegründeten BMW Technik GmbH. Die Abteilung bekommt zehn Millionen Mark und die Aufgabe: „Macht doch mal was anderes …“

Als echter Roadster besitzt der Z1 keine Seitenfenster. Unter der Plastikkarosserie steckt der zwar hochkultivierte und leise, aber bei hohen Drehzahlen etwas kurzatmige 2,5-Liter-Sechszylinder aus dem BMW 325i. Noch vor Ort in Frankfurt ordern rund 5000 Menschen den Wagen, ohne den Preis zu kennen, der später auf 83.000 Mark, noch später gar auf 89.000 Mark festgelegt wird.

Diese Summen sind allerdings vielen Spekulanten dann doch zu hoch, und viele treten von ihrer Kaufabsicht zurück. Auch die Performance überzeugt nicht alle – sie hatten mehr erwartet, unter anderem mehr Sound. Trotzdem werden 8000 Exemplare des Z1 produziert.

Technische Daten	BMW Z1 Roadster
Code	E30
Bauart	Roadster
Bauzeit	1988 bis 1991
Motor	Sechszylinder/Reihe
Hubraum	2494 cm^3
Leistung	170 PS bei 5800/min
Getriebe	Fünfgang-Handschalter
Antrieb	Hinterräder
Gewicht	1250 kg
V_{max}	225 km/h

Technische Daten	BMW 540i
Code	E34
Bauart	Limousine
Bauzeit	1992 bis 1995
Motor	V8
Hubraum	3982 cm^3
Leistung	286 PS bei 5800/min
Getriebe	Fünfgang-Handschalter
Antrieb	Hinterräder
Gewicht	1650 kg
V_{max}	240 km/h

BMW 520i - 540i

Der nagelneue Fünfer, Code E34, schlägt ein und begeistert die Kundschaft. Es gibt die neue Generation zunächst als 520i, 525i, 530i und 535i, alle haben Sechszylindermotoren. Das kleinste Modell ist der 520i für 38.500 Mark, der stärkste (bis auf die M-Version) der 540i mit Vierliter-V8, der 82.000 Mark kostet. Im Laufe der Baujahre wird auch noch der 518i mit Vierzylinder angeboten sowie der 518g mit Gas als Kraftstoff sowie die zwei Sechszylinder-Turbodiesel 525td und 525tds. Der 525iX kommt mit Allradantrieb. Viergang- und Fünfgang-Automatikgetriebe werden zur Wahl angeboten, nur im Gas-Modell ist so ein Getriebe nicht verfügbar.

BMW 840 Ci - 850 CSi

Der Kampf Mercedes gegen BMW ist schon lange entbrannt, da gießen die Bayern neues Öl ins Feuer in Form der Achter-Reihe. Das Styling entsteht unter Designchef Claus Luthe, die Karosserie hat Klaus Kapitza zu verantworten, der später Design-Chef der Technik GmbH wird.

Zuerst kommt der 850 Ci mit 300 PS zum Preis von 135.000 Mark sowie in der stärkeren CSi-Version mit 381 PS. Mit 550 Newtonmeter maximalem Drehmoment hat der CSi sogar 100 Nm mehr als der Ci. Beide Modelle sind auf 250 km/h Spitze limitiert, aber der CSi ist um 0,8 Sekunden schneller von 0 auf 100 km/h. Der Spaß kostet allerdings auch gleich 45.000 Mark mehr – und damit ist der 850 CSi mit insgesamt 180.000 Mark das teuerste Auto im BMW-Portfolio.

Der CSi muss handgeschaltet werden, für den Ci stehen wahlweise und gegen Aufpreis eine Viergang- und eine Fünfgangautomatik von ZF zur Verfügung. Ab 1995 werden diese Systeme von der „Steptronic" ersetzt: Dabei kann der Fahrer durch Antippen des Wählhebels die Gänge in einer separaten Gasse selber hoch- und runterschalten, wenn er will.

1993 folgt der etwas schwächere 840i mit V8-Motor und 286 PS, der entweder mit einer Getrag-Fünfgang-Schaltung verbunden ist oder mit einer ZF-Fünfgang-Automatik. Insgesamt entstehen gut 30.000 Achter der Reihe E31. Übrigens wird auch mit einer Cabrio-Version experimentiert. Die erweist sich aber als nicht steif genug.

Technische Daten	**BMW 850 Ci**
Code	E31
Bauart	Coupé
Bauzeit	1989 bis 1999
Motor	V12
Hubraum	4988 cm^3 (ab 1994: 5379)
Leistung	300 PS bei 5200/min (ab 1994: 326 PS bei 5200/min)
Getriebe	Sechsgang-Handschalter
Antrieb	Hinterräder
Gewicht	1780 kg
V_{max}	250 km/h

BMW 518i touring - 540i touring

Ab 1991 bietet BMW die E34-Serie auch als Kombi an – kein Wunder nach den Erfolgen mit den Kombis der Dreier-Reihe. Auch die Kombinationskraftwagen der größeren Reihe überzeugen, zumal es eine große Motorenauswahl gibt.

Die Motorisierungen entsprechen denen der Limousinen, also gibt es den Lademeister als Einstiegsversion 518i mit 113 PS aus vier Zylindern. Die Sechszylinder reichen vom 520i (129 PS, später 150 PS) über den 525i mit 170 PS (später 192 PS) bis zu 530i mit 188 PS und 535i mit 211 PS. Als sehr leistungsstarken Konkurrenten zum Mercedes 400 E positioniert BMW den 286 PS starken 540i, dessen leichtgewichtiger M60-Motor in Alu-Bauweise mit vier Ventilen pro Zylinder und selbstverständlich elektronischer Benzineinspritzung ein maximales Drehmoment von 400 Nm bei 4500/min bietet. Auch als Diesel wird der Touring angeboten: Der 525tds kostet knapp 54.000 Mark. Insgesamt verkauft BMW mehr als 1,33 Millionen Exemplare des E34.

Technische Daten	BMW 525tds
Code	E34
Bauart	Kombi
Bauzeit	1991 bis 1996
Motor	Sechszylinder-Turbodiesel/Reihe
Hubraum	2498 cm^3
Leistung	143 PS bei 4800/min
Getriebe	Fünfgang-Handschalter
Antrieb	Hinterräder
Gewicht	1585 kg
V_{max}	205 km/h

M EB 8872

BMW und die Designer III

Claus Luthe (Jahrgang 1932) ist erst Designchef bei NSU. Dort verantwortet er den berühmten Ro 80. Im April 1976 übernimmt er die Leitung des Designs bei BMW und bleibt dort 15 Jahre lang. Auf ihn geht der neue Fünfer zurück (1988), die 8er-Reihe, der neue Dreier (1990), der M3 und der 3er Compact.

Karfreitag 1990 verschuldet Luthe (rechts im Bild oben) den Tod seines Sohnes, der während eines Streits mit seinem Vater tödlich verletzt wird. Das Gericht setzt die Strafe auf Bewährung aus. Trotzdem bleibt er BMW noch lange in beratender Tätigkeit erhalten.

Klaus Kapitza wird Anfang 1984 von Designchef Claus Luthe von Ford zu BMW geholt. Luthe vertraut ihm sofort die Leitung des Studios Nr. 3 an, wo das Spitzenmodell von BMW entsteht, der Achter. Danach geht Kapitza zu BMW Technik, wo er 1989 die Nachfolge von Harm Lagaay antritt, bis er sich verabschiedet und seine Arbeit bei Porsche fortsetzt.

Harm Lagaay (Jahrgang 1946) geht ohne spezielle Ausbildung 1968 als Designer zu Simca. Über die Stationen Porsche und Ford kommt er 1985 zu BMW Technik. Er bleibt nur vier Jahre, aber in dieser Zeit beeinflusst er das Design von Z1, E1 (1991), Z13, Z18, Just 4/2, und H2R maßgeblich. 1989 verlässt er München, als ihm der Posten des Chef-Designers bei Porsche angeboten wird.

BMW

Kapitel 6

Mit Vollgas Richtung neues Millennium

Die Zeit der Patente

Mit der Vereinigung der beiden deutschen Staaten kommt Freude auf – aber auch das eine oder andere Problem: Die Kosten zur Sanierung des ostdeutschen Straßennetzes werden 1991 auf 62 Milliarden Mark geschätzt. Die Bevölkerung lacht trotzdem, auch über den Film „Manta Manta", dem unzählige Blondinenwitze folgen. Die Deutschen räkeln sich im Auto gerne auf Holzkugelauflagen und der eine oder andere verdrückt eine Träne, als der letzte Trabant nach 34 Jahren Bauzeit vom Band läuft.

BMW beginnt mit der Entwicklung des vollvariablen Ventiltriebs, später „Valvetronic" genannt. Ein Patent erhalten die Bayern 1992 auf einen „Zylinderkopf mit sich an Exzenterwelle abstützenden Schwinghebeln". Schon bald geht die neuartige Ventilsteuerung im neu erbauten Motorenwerk Hams Hall bei Birmingham für die neue Vierventil-Vierzylindergeneration in Serie. Ebenfalls 1992 führt BMW im Siebener die weltweit erste „Park Distance Control" ein. Sie arbeitet mit Ultraschall zur Abstandskontrolle.

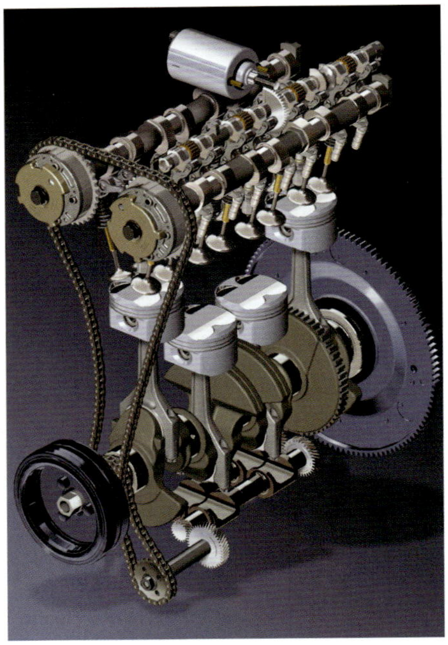

Hightech im Motorenbau: Anfang der 1990er schaffen die Techniker die Grundlage für einen vollvariablen Ventiltrieb, der gut 10 Jahre später als „Valvetronic" Einzug in die Serienfertigung halten wird.

Der BMW 850i wird als erstes deutsches Auto mit einer elektrohydraulischen Vierradlenkung ausgerüstet („aktive Hinterachskinematik"). Auch im Design weht ein neuer Wind: Chris Bangle wird Design-Chef bei BMW. Sogar die Produktion bietet Neues: Im Beisein von US-Präsident George Bush wird der Gründungsvertrag für das Werk Spartanburg in South Carolina unterzeichnet.

Eine Wende passiert im Jahr darauf: Der langjährige BMW-Chef von Kuenheim wird am 13. Mai von Bernd Pischetsrieder abgelöst. Und das Bundesforschungsministerium forciert alternative Antriebe: Es richtet einen Großversuch mit Elektroautos aus: Auf Rügen fahren 60 Modelle verschiedener Hersteller. Hintergrund: Nicht einmal 0,01 Prozent aller zugelassenen Autos in Deutschland sind elektrisch betrieben – es sind nur rund 4500 Stück.

1994 bleibt vielen Motorsportfans in trauriger Erinnerung: Roland Ratzenberger und Ayrton Senna sterben beim Formel-1-Wochenende in Imola in Italien. Im selben Jahr beteiligt sich BMW am großen Autoherstellerausverkauf, der in dieser Zeit grassiert: Die BMW AG übernimmt am 31. Januar die Rover Group Ltd. inklusive Land Rover, Triumph, Riley, MG, Austin-Healey und Morris. BMW zahlt dafür an Rover-Besitzer British Aerospace 2,1 Milliarden Mark.

1995 bietet BMW als erster Hersteller Erdgasantrieb in Serienfahrzeugen an, und zwar in 316g und 518g. Ein Jahr später bauen die Bayern als erster Hersteller den Latentwärmespeicher serienmäßig ein, und zwar in die Fünfer-Reihe. Als Zubehör gab es ihn allerdings schon früher. Außerdem engagiert sich BMW erstmals in einem James-Bond-Film: Im Film „Goldeneye" – allerdings fällt der atemberaubende Roadster einem an einem Hubschrauber herabhängenden Baumschneider zum Opfer. Greenpeace will den arrivierten Herstellern zeigen, wie man ein umweltfreundliches Auto baut und präseniert den auf dem Renault Twingo basierenden „Smile". Das Auto kommt mit 3,26 Litern Benzin auf 100 km aus.

Für BMW ein Eckpfeiler der Expansionsstrategie: Die Münchener starten 1994 mit der Fertigung von überwiegend X-Modellen im Werk Spartanburg/South Carolina. Anlässlich der Feierlichkeiten zum 10-jährigen Bestehen wird für Ende der 2010er Jahre die Produktion des X7 in Aussicht gestellt.

Rücktritt: Der geborene Münchner Bernd Pischetsrieder leitet von 1993 bis 1999 die Geschicke von BMW. Sein Unfall mit einem firmeneigenen 1,5 Millionen Mark teuren McLaren F1, an dem Totalschaden entsteht, sorgt im Jahr 1995 für Schlagzeilen in der Boulevard-Presse.

Das haut kaum jemanden aus den Socken – der Elchtest im Jahr 1997 dagegen schon: Die Mercedes A-Klasse fällt im Ausweichtest um, und die Schwaben müssen nachbessern. Dagegen macht Andy Green seinen Job bestens: Der furchtlose Flieger fährt 1233 km/h schnell mit dem „Auto" Thrust SSC – neuer Geschwindigkeitsrekord für Landfahrzeuge.

Auch bei BMW gibt es Neues zu vermelden: Der M3 ist das erste Serienauto mit sequenziellem Getriebe (optional). Die Gangwechsel erfolgen in einer Ebene, Verschalten ist unmöglich, und die Schaltvorgänge gehen wesentlich schneller vonstatten als bisher. Erneut wird James Bond mit Ware aus Bayern beliefert, diesmal spendiert BMW eine BMW R 1200 C und einen 750iL. Der Serien-Siebener wurde dazu in fast 1000 Stunden zum ferngesteuerten Panzer umgebaut. Ein Stuntman sitzt hinter dem Vordersitz mit verlängerten Pedalen und zweitem Lenkrad. Für die Sicht sind zwei Monitore da – die Kameras stecken in den Rückspiegelgehäusen.

1998 ist die Fusionswelle auf dem Höhepunkt: Die Autoindustrie zählt mehr als 600 Zusammenschlüsse und Übernahmen weltweit. So sind auch Rolls-Royce und Bentley (Eigner: Vickers) zu haben: Am 5. Juni zahlt VW rund 1,3 Milliarden Mark für die beiden Marken. Am 28. Juli kommt jedoch heraus: VW kann mit RR nichts anfangen – BMW gehören bereits die Flugmotorenwerke Rolls Royce plc und damit die Namensrechte. Man einigt sich auf ein „Gentlemen's Agreement": VW baut bis 2002 Rolls-Royce und Bentley, BMW übernimmt Rolls-Royce am 1. Januar 2003. Unterdessen kommt unter BMW-Ägide der neue Rover 75, designt in Bayern. Doch vor allem Verarbeitungsmängel lassen den schönen Briten floppen.

1999 verändert die Geld-Welt: In elf Ländern der Europäischen Union wird der Euro eingeführt, zunächst als Buchgeld (in bar erst drei Jahre später). Auch die BMW-Welt steht Kopf: Der 5. Februar wird ein Schwarzer Freitag in der Firmenhistorie – BMW-Chef Pischetsrieder tritt zurück. Ihm wird vorgeworfen, Rover nicht zur lukrativen Marke gemacht zu haben. Als sein Vize Wolfgang Reitzle nicht neuer Vorstandschef wird, wendet auch er BMW den Rücken und geht zu Ford. Am 18. Mai leitet BMW-Legende Eberhard von Kuenheim zum letzten Mal die BMW-Hauptversammlung. Fast 20 Jahre lang stand er als CEO und Aufsichtsratschef an der Spitze von BMW.

Auf der Produktseite kommt BMW dagegen mächtig voran: Die Bayern bauen den ersten serienmäßigen Diesel-V8 in den 740d ein. Marketingmäßig ist man zum dritten Mal in einem Bond-Streifen präsent, diesmal mit einem Z8 als Agenten-Dienstfahrzeug in „Die Welt ist nicht genug" – allerdings fällt der atemberaubende Roadster einem an einem Hubschrauber herabhängenden Baumschneider zum Opfer. Und mit BMW Assist bietet BMW als erster europäischer Hersteller weitreichende Telematikdienste an (z.B. BMW-Notruf).

Zur Jahrtausendwende kostet die Entwicklung eines neuen Modells durchschnittlich rund 1,6 Milliarden Euro. Trotzdem geht die Präsentation neuer Modelle und neuer Techniken Schlag auf Schlag: Der Toyota Prius wird der erste Hybrid für alle, Peugeot bietet erstmals Rußfilter an. Und am 11. Mai 2000 präsentiert BMW das weltweit erste mehrfach gebaute Wasserstoffauto, den 750hL. Die Zwölfzylinder-Autos werden bei der EXPO in Hannover als Shuttle eingesetzt.

Hinter den Kulissen brodelt es dagegen kräftig: VW versucht, BMW zu übernehmen, am 24. Februar muss VW aufgeben. Auch Ford ist an BMW interessiert. BMW kann die Offerten abwehren, muss aber am 17. März öffentlich das Scheitern des Rover-Deals zugeben. Ein Konsortium namens Phoenix um den ehemaligen Rover-Chef John Towers ist am Kauf interessiert und bietet 2,6 Milliarden Mark. Dagegen eher erfeulich: Zum ersten Mal seit zwölf Jahren rennt wieder ein neuer Fomel-1-Wagen mit einem BMW-Antrieb: BMW ist Partner von Williams mit einem neuentwickelten V10-Motor. Um konkurrenzfähig zu sein, muss Motorenentwickler Paul Rosche das Triebwerk leichter als 120 Kilo machen und eine Leistung von 800 PS erreichen.

Dezente Aufkleber auf dem Stoßfänger weisen darauf hin, dass hier nur Wasser als Verbrennungsrückstand austritt: Der 750hL in den USA auf Erprobung, hier im weitgehend unbekannten BMW-Entwicklungszentrum Oxnard, rund eine Autostunde von Los Angeles.

Technische Daten	BMW 328i
Code	E36
Bauart	Limousine
Bauzeit	1994 bis 1998
Motor	Sechszylinder/Reihe
Hubraum	2793 cm^3
Leistung	193 PS bei 5300/min
Getriebe	Fünfgang-Handschalter
Antrieb	Hinterräder
Gewicht	1330 kg
V_{max}	233 km/h

BMW 316i – 328i

Mit dem E36 erneuert BMW die wichtige Dreier-Reihe ab 1990. Wie gehabt gibt es das Auto mit der gängigen Palette der üblichen Motoren. Den günstigsten Einstieg markiert der 316i, der erst 1991 kommt, mit 100 PS aus 1,6 Litern Hubraum. Es folgen der letztlich mit mehr als 420.000 verkauften Exemplaren erfolgreichste E36, der 318i, der 318iS, 320i, 325i sowie die Dieselmodelle 318tds (ab 1994), 325td (ab 1993) sowie die Nachfolger 323i und 328i im Jahr 1994. Das stärkste Modell ist erst ab 49.000 Mark zu haben.

Mehr als 1,5 Millionen E36-Limousinen kann BMW letztlich verkaufen, mit allen Karosserievarianten werden es mehr als 2,3 Millionen Exemplare.

Technische Daten	BMW 328i touring
Code	E36
Bauart	Kombi
Bauzeit	1994 bis 1999
Motor	Sechszylinder/Reihe
Hubraum	2793 cm^3
Leistung	193 PS bei 5300/min
Getriebe	Fünfgang-Handschalter
Antrieb	Hinterräder
Gewicht	1420 kg
V_{max}	225 km/h

BMW 3er touring

Selbstverständlich bietet BMW die neue Dreierreihe auch als touring an, ab 1995 in voller Produktion. Mehr als 130.000 Dreier-touring finden neue Besitzer, und zwar als 316i, 318i, 320i, 323i und als starker 328i. Dieselfans können zum 318tds oder zum 325tds greifen. Die Kombis sind grundsätzlich rund 100 Kilo schwerer als die viertürige Limousine und 500 Mark teurer.

M KS 9435

BMW 3er Coupé/Cabrio

Um die Sportler unter den BMW-Fans zu befriedigen, gibt es den E36 auch als Zweitürer mit festem Coupé-Dach und als Cabriolet. Die Bayern beginnen mit ein paar Coupés im Jahr 1991, zunächst als 318iS, 320i, 325i und 328i, später folgen 316i und 323i. Fast 470.000 Stück finden ihren Weg zu den Kunden, ein großer Erfolg. Vom Cabrio werden letztlich knapp 185.000 Stück verkauft, und zwar als 318i und iS, 320i, 325i, 328i, und M3.

Technische Daten	BMW 320i Coupé/Cabrio
Code	E36
Bauart	Coupé, Cabriolet
Bauzeit	1991 bis 1998
Motor	Sechszylinder/Reihe
Hubraum	1991 cm³
Leistung	150 PS bei 5900/min
Getriebe	Fünfgang-Handschalter
Antrieb	Hinterräder
Gewicht	1360/1480 kg
V_{max}	214/204 km/h

Technische Daten	BMW 316i compact
Code	E36 (5)
Bauart	Schrägheck-Limousine
Bauzeit	1994 bis 2000
Motor	Vierzylinder/Reihe
Hubraum	1596 cm^3 (ab 1999: 1895 cm^3)
Leistung	102 PS bei 5500/min (ab 1999: 105 PS bei 5300/min)
Getriebe	Fünfgang-Handschalter
Antrieb	Hinterräder
Gewicht	1175 kg
V_{max}	188 km/h (ab 1999: 190 km/h)

BMW 3er compact

Der VW Golf erobert die Welt – da will BMW etwas dagegensetzen und versucht es mit einem neuen Derivat der aktuellen Dreier-Reihe namens „compact". Teile des Fahrwerks und Interieurs für den Schrägheck-BMW werden direkt aus dem Dreier übernommen, allerdings noch aus der Vorgängergenration E30. Vier Motoren stehen zur Wahl: Drei Vierzylinder in 316i compact, 318ti compact und (als Diesel) im 318td compact, den einzigen Sechszylinder gibt's im 323ti compact. Der 316i wird das erfolgreichste Modell mit knapp 250.000 Stück zu Preisen ab 33.600 Mark. Das Top-Modell kostet 47.900 Mark.

Insgesamt kann BMW in der Bauzeit von 1994 bis 2000 fast 400.000 Stück absetzen. Vor allem ist dem kurzen 3er gelungen, in großem Stil neue Kundschaft für die Marke zu begeistern: Zwei von drei compact-Käufern sind BMW-Neukunden, 65 Prozent von ihnen werden sich danach wieder für einen Wagen aus dem Portfolio der Münchner entscheiden.

BMW Z3 Roadster

Der Erfolg des kleinen Roadsters Mazda MX-5 – in Amerika „Miata" genannt – ruft endlich auch die deutschen Hersteller auf den Plan, wieder einen zweisitzigen offenen Sportwagen anzubieten. So bringt Mercedes den SLK und BMW den Z3. Der bayerische Roadster läuft im nagelneuen Werk in Spartanburg vom Band, der ersten BMW-Produktionsstätte in den USA. Wie bei BMW üblich, wird der Zweisitzer in verschiedenen Varianten angeboten. Einstiegsmotor ist der 116 PS starke Vierzylinder im Z3 1.8i, es folgt der Z3 1.9i mit 140 PS. Die Sechszylindermodelle starten beim Z3 2.0i respektive 2.2i (zuerst 150, danach 170 PS) und gehen über Z3 2.5i mit 170 PS bis zum Z3 2.8i respektive 3.0i mit 192, später 231 PS. So ausgerüstet muss der Kunde schon 61.300 Mark hinblättern. Top-Modelle sind die M-Ausführungen.

Die Verkaufszahlen zeigen das Potenzial der Nische, das vorher keiner für so ertragreich eingeschätzt hat: Noch 1996 verkauft sich der kompromisslose Zweisitzer – immerhin „die ehrlichste Art, einen BMW zu fahren" – mehr als 46.000 mal, im September 1999 rollt bereits der 200.000ste Z3 vom Band in South Carolina.

Technische Daten	Z3 3.0i Roadster
Code	E36 (7)
Bauart	Roadster
Bauzeit	2000 bis 2002
Motor	Sechszylinder/Reihe
Hubraum	2979 cm^3
Leistung	231 PS bei 5900/min
Getriebe	Fünfgang-Handschaltung
Antrieb	Hinterräder
Gewicht	1300 kg
V_{max}	240 km/h

BMW 728i - 750i

Komfort sollte bei der neuen Generation der Top-Limousinenreihe im Vordergrund stehen. Die Baureihe E38 startet mit dem 730i (218 PS), es folgt der später mit Abstand am meisten verkaufte 740i (180.000 Stück, anfangs 110.000 Mark teuer). Der Top-Range-750i trägt unter seiner Haube einen mächtigen 5,4-Liter-V12, der 326 PS leistet, und kostet 148.000 Mark. Ein Jahr später folgen der einzige Benzin-Sechszylinder namens 728i sowie der 735i mit 235-PS-V8.

Die Dieselvarianten lassen noch länger auf sich warten. 1995 rollen die ersten 725tds (Sechszylinder-Turbodiesel mit 143 PS), erst 1998 folgen 730d (Sechszylinder-Turbodiesel Direkteinspritzer mit 184 PS) und 740d mit direkt eingespritztem Vierliter-V8-Turbodiesel und 245 PS. Der Durchzug ist dank 560 Newtonmetern Drehmoment gewaltig. Der letzte E38, natürlich ein 740i, läuft am 27. Juli 2001 vom Band im Werk Dingolfing. Insgesamt werden fast 330.000 Exemplare des E38 gebaut.

Technische Daten	BMW 740i
Code	E38
Bauart	Limousine
Bauzeit	1994 bis 2001
Motor	V8
Hubraum	3982 (ab 1995: 4398) cm^3
Leistung	386 PS bei 5000/min
Getriebe	Fünfgang-Automatik
Antrieb	Hinterräder
Gewicht	1995 kg
V_{max}	250 km/h

BMW
Werk Dingolfing
Generationswechsel ...
... Der letzte E38 (740i)
27.07.2001
Fahrzeuge bitte Fahrstufe
und Handbremse lösen !
NOTSCHALTER

BMW 520i - 540i

Alles neu bei der inzwischen vierten Generation der Fünfer-Reihe: Das Auto ist länger, breiter und höher als sein Vorgänger, dafür aber leichter. Das liegt unter anderem am Aluminium-Fahrwerk. Insgesamt elf Motorvarianten werden angeboten – sechs Benziner (vier Sechszylinder, drei V8) inklusive dem M-Kraftwerk und vier Diesel (ein Vierzylinder und drei Sechszylinder). Ohne die M-Version reicht die Kraft von 150 PS bis 286 PS bei den Benzinern und 136 PS bis 193 PS bei den Selbstzündern.

Am besten verkauft wird der 528i mit knapp 260.000 Stück (Preis: 65.000 Mark), dicht gefolgt vom 520i mit fast 200.000 Stück. Bei den Dieseln ist der 525 als d, td und tds am meisten gefragt: Mehr als 130.000 Stück finden ihre Fans.

Technische Daten	BMW 528i
Code	E39
Bauart	Limousine
Bauzeit	1995 bis 2000
Motor	Sechszylinder/Reihe
Hubraum	2793 cm^3
Leistung	193 PS bei 5300/min
Getriebe	Fünfgang-Handschalter
Antrieb	Hinterräder
Gewicht	1440 kg
V_{max}	236 km/h

BMW Z3 Coupé

Nicht jedem gefällt die Coupé-Version des Z3 Roadster, aber manche schwören auf den „Turnschuh", wie der kleine „Shooting Break" bald respektlos genannt wird. Mit knapp 17.000 Exemplaren kommt er bei weitem nicht an die Stückzahl des Roadsters heran (fast 270.000 Exemplare), wird aber trotzdem – oder just deshalb – Kult. Außer der scharfen M-Version wird der überdachte Zweisitzer mit 2,8-Liter-Sechszylinder, später mit dem auf drei Liter aufgebohrtem Motor angeboten. Die Varianten sind auch mit Viergang-Automatik zu haben. Preis ab 64.000 Mark.

Technische Daten	**Z3 2.8 Coupé**
Code	E36 (7)
Bauart	Coupé
Bauzeit	1998 bis 2000
Motor	Sechszylinder/Reihe
Hubraum	2793 cm^3
Leistung	193 PS bei 5500/min
Getriebe	Fünfgang-Handschalter
Antrieb	Hinterräder
Gewicht	1300 kg
V_{max}	231 km/h

Technische Daten	BMW 320i
Code	E46
Bauart	Limousine Kombi, Coupé, Cabriolet
Bauzeit	1998 bis 2005
Motor	Sechszylinder/Reihe
Hubraum	1991 (ab 2000: 2171) cm^3
Leistung	150 PS bei 5900/min (ab 2000: 170 PS bei 6100/min)
Getriebe	Fünfgang-Handschalter
Antrieb	Hinterräder
Gewicht	1365 kg
V_{max}	219 (ab 2000: 226) km/h

BMW 316i – 328i (070)

Kann man einen Dreier noch verbessern? BMW kann und bringt mit dem E46 Anfang 1998 die vierte Generation des Dauerbrenners auf die Straße – moderner, frischer, sportlicher als der Vorgänger und mit der angepassten Front von Fünfer und Siebener, aber absichtlich optisch nicht revolutionär. Die neuen Werte liegen vor allem im Inneren: Mit beispielsweise Satelliten-Navigation, Cruise Control und DSC ziehen Oberklasse-Features in die Dreier-Reihe ein. Sie wird gleichzeitig in München, Regensburg, Dingolfing und Rosslyn (Südafrika) gebaut, ein Jahr später folgen Coupé und Kombi, ab 2000 auch ein Cabrio. Mit dem ab 2001 eingeführten sehr umfangreichen und gelungenen Facelift für Limousine und Touring (siehe Bild unten) geht der 3er in seine zweite Produktionshälfte, bevor ab 2005 schrittweise die Nachfolgegeneration E90 auf den Markt drängt.

Der E46 wird zunächst ausgeliefert als 316i und 318i (1,9-Liter-Vierzylinder mit 105 und 118 PS), als 320i (kleinster Sechszylinder mit 150 PS), 323i (2,5-Liter-Sechszylinder und 170 PS sowie als 328i (2,8-Liter-Sechszlinder mit 193 PS). Als Dieselvariante gibt es den 320d mit Zweiliter-Vierzylinder-Selbstzünder und 136 PS (ab 2001: 150 PS) – der erste Diesel-Direkteinspritzer bei BMW. Bestseller wird der 320i, der zunächst 53.700 Mark kostet. Im Laufe der folgenden Jahre erhalten 316i und 318i stärkere Motoren, außerdem gibt es den E46 nun auch mit Allradantrieb und unter anderem mit Dreiliter-Sechszylinder-Diesel, der 184 PS leistet – einige Automagazine loben den 330d als bestes Dieselauto aller Zeiten. Ohne die Compact-Versionen werden vom E46 rund 2,5 Millionen Stück gebaut.

BMW X5 3.0i – 4.8i

Mit dem X5 schaffen die Bayern ein Auto, das bislang niemand vermisst hat, aber plötzlich jeder haben will: den SAV. Es ist der erste Offroader, der sich wie eine Limousine anfühlt. Um zu beweisen, dass das Auto kein Sports Utility Vehicle (SUV) sei, sondern ein Sports Activity Vehicle, präsentieren die Bayern das Auto auf einem US-Racetrack. Damit ist der angepeilte Markt klar: die USA. Um das zu unterstreichen, wird das Auto im neuen Werk in Spartanburg gebaut, wo auch der Z3 entsteht.

Die Basis ist die Fünfer-Serie auch in Sachen Triebwerk. Das Auto wird in fünf Motorisierungen angeboten (ein Benzin-Sechszylinder mit 132 PS, ein Diesel-Sechszylinder mit 184 PS sowie drei Benzin-V8 mit 286, 347 und – ab 2004 – 360 PS). In Europa wird der Dreiliter-Diesel ein Bestseller. Die Preise sind stolz: Schon der kleine Benziner kostet 80.000 Mark, für den 4.6i mit 347 PS stehen bereits 150.600 Mark in der Preisliste. Für den erst fünf Jahre später vorgestellten X5 4.8i muss man im März 2004 sogar 81.600 Euro (gut 160.000 Mark) zahlen.

Technische Daten	**BMW X5 3.0d**
Code	E53
Bauart	SUV
Bauzeit	2001 bis 2003
Motor	Sechszylinder-Turbodiesel/Reihe
Hubraum	2926 cm^3
Leistung	184 PS bei 4000/min
Getriebe	Fünfgang-Handschalter
Antrieb	Allrad
Gewicht	2095 kg
V_{max}	180 km/h

BMW Z8 Roadster

Basierend auf dem 1997 auf der Tokio Motor Show vorgestellten Z07 Concept baut BMW tatsächlich den Z8 Roadster – ein Traumroadster des auslaufenden Jahrtausends, der an den unvergessenen BMW 507 von 1956 erinnern soll. Insgesamt werden 5703 Stück auf die Räder gestellt. Er stammt aus den Federn der Designer Chris Bangle und Henrik Fisker. Die 400-PS-Maschine ist dem BMW M5 entliehen, die Bremsen sind vom 750i. Durch die Verwendung von viel Aluminium soll das letztlich doch recht mächtige Auto leichter werden, allerdings ist das Ergebnis mit mehr als 1,5 Tonnen recht schwer: Grund ist die Luxusausstattung des Supercars. Trotzdem beschleunigt der Wagen in 4,7 Sekunden von 0 auf 100 km/h.

Der Preis von 235.000 Mark sorgt dafür, dass viele Exemplare in Sammlungen verschwinden – BMW braucht für den handgebauten Z8 etwa zehnmal länger als für die Produktion eines Dreier-BMW. Im Film debütiert das Auto in den Händen von Pierce Brosnan alias James Bond in „Die Welt ist nicht genug".

Technische Daten	BMW Z8 Roadster
Code	E52
Bauart	Roadster
Bauzeit	2000 bis 2003
Motor	V8
Hubraum	4941 cm^3
Leistung	400 PS bei 6600/min
Getriebe	Sechsgang-Handschalter
Antrieb	Hinterräder
Gewicht	1585 kg
V_{max}	260 km/h

BMW 750hL

Man kann den BMW 750hL als „erstes in Kleinserie gebautes Wasserstoffauto der Welt" bezeichnen, wie BMW das macht – auch wenn es eher eine Mini-Serie ist: 15 Exemplare des Wasserstoff-Siebeners stellen die Münchner im Mai 2000 in Berlin vor. Das Besondere: Der V12 kann sowohl Benzin als auch Wasserstoff verbrennen. Den Wasserstoff verdaut die Maschine dank Ansaugtrakt mit zusätzlichen Einblasventilen. Gebunkert wird die Energie kryogen in einem 140 Liter fassenden Tank hinter den Rücksitzlehnen bei minus 253 Grad. Das reicht für ungefähr 350 Kilometer. Das Bordnetz wird von einer Brennstoffzelle versorgt.

Die 15 Exemplare fahren zuerst als Shuttles bei der EXPO in Hannover, später gehen sie auf „CleanEnergy WorldTour 2001". Auch über die Nordschleife des Nürburgringes wird der 750hL gehetzt und schafft die Runde in 9:53 Minuten. Den Sprint auf Tempo 100 erledigt das Auto in 9,5 Sekunden, egal ob mit Wasserstoff oder Benzin. Käuflich ist das Auto nicht.

Technische Daten	BMW 750hL
Code	E38
Bauart	Limousine
Bauzeit	2000
Motor	V12
Hubraum	5972 cm³
Leistung	260 PS
Getriebe	k.A.
Antrieb	Hinterräder
Gewicht	k.A.
V_{max}	230 km/h

BMW und die Designer IV

Christopher Bangle (Jahrgang 1956) ist US-Amerikaner und beginnt seine Arbeit nach Stationen bei Opel und Alfa Romeo bei BMW im Jahr 1992. Der Mann, dessen „kommunizierenden Linien und Kanten" bei der Karosseriegestaltung nicht jeder versteht und dessen Entwürfe nicht selten von seinen Kritikern als schlecht bezeichnet werden, inspiriert – bis in die Gegenwart – andere Automobildesigner. Viele seiner Ideen nimmt die Konkurrenz später gerne auf: So findet man bis in die Haube hineingezogene Scheinwerfer wie jene des 5er (E60) an zahlreichen anderen Automobilkreationen. Er steht für ein innovatives Design, das nicht von jedem gemocht wird.

Zwölf Jahre nach seinem Beginn bei BMW leitet er das Design dreier Marken der BMW-Gruppe: BMW, Mini und Rolls-Royce. Die Liste der von ihm verantworteten Autos ist lang: 7er (1994), 5er (1995), Z3, M Coupé, 3er (1998), X5, Z9, M3 (2000), 7er (2001), Z4, 5er (2003), 6er (2003), X3, 1er, M5 (2005), 3er (2005), M6, Mille Miglia, X5 (2006), M3 (2007), X6 (2008), M1 Hommage, GINA, 7er (2008), Z4 (2009), 5er GT und X1 (2009).

Henrik Fisker (Jahrgang 1963) hat sich eigentlich nur an der Studie Z07 und dem daraus resultiernden Z8 beteiligt. 1989 wird er von BMW Technik engagiert. Drei Jahre lang arbeitet er bei Designworks, wo er für BMW frei von Zwängen gestalten kann. Im Januar 2000 wird er als Nachfolger von Charles W. Pelly Leiter des Designstudios. Kurz danach, im September 2001, macht Ford ihm zwei so verlockende Angebote, dass er nach Europa zurückkehrt.

Zusammen mit Bernhard Köhler gründet er später unter dem Firmennamen Fisker Coachbuild LLC eine eigene Firma.

BMW – Studien und Concept-Cars I

BMW E1

Anfang der 1990er Jahre verstärkt BMW seine Bemühungen, immer wieder Concept-Cars und Designstudien auf ihre öffentliche Wirkung hin zu testen. 1991 soll es ein gebrauchsfertiger, gut ausgestatteter Elektro-Stadtwagen mit bis zu 200 Kilometern Reichweite sein, vorgestellt auf der IAA. Der E1 (Werkscode: Z11) wird ein 2+2-Sitzer mit einer Länge von 3,46 Metern und einer Breite von 1,65 Metern.

Der E-Motor mit 32 kW sitzt direkt über der Hinterachse und gibt seine Kraft an die Hinterräder ab. 120 km/h Spitze schafft das Auto, der Sprint von 0 auf 50 km/h gelingt in sechs Sekunden. Die Natrium-Schwefel-Batterie wiegt 200 Kilo und stellt mit 120 Volt und 20 kWh etwa 200 Kilometer Reichweite zur Verfügung, unterstützt von der Energierückgewinnung beim Bremsen (Rekuperation). Das Aufladen dauert sechs bis acht Stunden. Neu sind auch die in die Felgen integrierten Trommelbremsen. Der Kofferraum fasst 260 bis 900 Liter. Trotz aller planmäßigen Vorbereitung der elektrischen Revolution: Das Design kommt beim Publikum nicht an.

1992 stellt BMW eine weitere Studie auf Basis des E1 vor, den E2. Unter anderem in Sachen Größe ist das Auto mehr auf den US-Markt zugeschnitten: 3,82 Meter lang, ein vollwertiger Viersitzer, eine Tonne schwer. Noch ein Jahr später zeigt BMW den E1 der zweiten Generation (Code: Z15) – ein Viersitzer, 3,7 Meter lang, Alurahmen in Space-Frame-Technik, Karosserie aus Kunststoff und etwas Alu. Neu ist, dass das Auto vorgesehen ist für den parallelen Einsatz von E-Motor und Verbrennungsmotor. Letzterer ist ein 1,1-Liter-Motorradmotor aus der Motorrad-K-Reihe, auf 82 PS reduziert. Der E-Antrieb besteht aus einem 45 PS starken ABB-Unique-Motor.

RÜGEN
e mobil
ABB
M JE 9482

BMW Z13

BMW ist schon immer für Ungewöhnliches zu haben, auch in Sachen Raumkonzept. So präsentieren die Bayern 1993 den Z13. Der Wagen besitzt vorne nur einen Sitz, der zum Zwecke des größtmöglichen Unfallschutzes in die Mitte gerückt ist. Das Heck verbirgt einen riesigen Kofferraum oder zwei Notsessel zum Ausklappen. Mit dem Design zeigt sich BMW wieder einmal extrem mutig, und bei der Ausstattung sind die Bayern regelrecht visionär: Das Armaturenbrett überzeugt außer mit Telefon und Faxgerät auch mit einem Satellitennavigationssystem.

BMW Z22

Nicht Schönheit steht ganz oben auf dem Lastenheft der Ingenieure und Designer, als sie den Z22 kreieren – sondern der Einsatz von Computern. Der Z22 ist ein frühes Beispiel eines autonomen Fahrzeugs: Die Machbarkeitsstudie soll selbstständig starten, lenken, navigieren, die Gänge wechseln und einparken können. BMW nennt das „Mechatronic" – die Kunst, Elektronik die mechanischen Systeme bedienen lassen zu können. Es ist das erste Mechatronic-Auto der Welt.

Zum Beispiel Drive-by-Wire: Gelenkt und gebremst wird elektronisch – es besteht keine physische Verbindung zwischen den Kontrollknöpfen und den ausführenden Systemen. Insgesamt stecken im Z22 70 Innovationen und 61 angemeldete Erfindungen aus den Bereichen Karosseriekonzept, Leichtbau, Antrieb, Sicherheit, Mechanik und Bedienung.

So ist der Wagen aus kohlefaserverstärktem Kunststoff gebaut und besitzt Kameras statt Außen- und Rückspiegel. Moderne Zeiten werden auch schon durch Kurvenlicht, Head-Up-Display, Öffnen durch Fingerabdruck (Komfortzugang) und eine frühe Form des Bediensystems iDrive vorweggenommen. Das Lastenheft fordert Komfort und Sicherheit wie im BMW 528i touring, aber nur zwei Drittel des Gewichtes und 45 Prozent weniger Spritverbrauch.

M RA 3901

M RA 3901

BMW Z18

Mit dem Z18 versucht BMW 1995, aus dem X5 – der die Basis dieses Concept Cars bildet – eine Art Enduro auf vier Rädern für zwei Menschen zu formen. Der „Desert Racer" besitzt den kräftigen 4,4-Liter-V8 und Allradantrieb, aber selbst damit kann die Idee eines „Offroadsters" nicht begeistern. Dass das Auto recht schnell wieder in Vergessenheit gerät, liegt vielleicht auch daran, dass eigentlich der Bedarf für so ein Fahrzeug noch nicht erkennbar ist.

BMW Just 4/2 (Z21)

Der BMW Just 4/2 ist ein weiterer Versuch der Symbiose von Auto und Motorrad – im Gegensatz zum Z14 mit mehr Genen vom Auto. Das Ergebnis ist ein Buggy oder Strandwagen. Der offene Zweisitzer, der nur kurz auf der Motorshow in Peking zu sehen ist, besitzt frei stehende Räder, ist ohne Dach und Scheiben so luftig wie ein Zweirad und mit einem 100 PS starken Vier zylinder im Heck auch beinahe so schnell. Das Cockpit beschränkt sich auf das Nötigste, eine Karosserie gibt es nur ansatzweise.

Der 100 PS starke Vierzylinder aus dem Motorrad K 1100 hat mit dem nur 550 Kilogramm schweren Roadster leichtes Spiel. Den Sprint von 0 auf 100 km/h schafft er in sechs Sekunden, die Top-Speed beträgt 180 km/h. Der Pilot darf sich fühlen wie ein Formel-1-Fahrer, erst recht in der speziell entwickelten Kleidung in British Racing Green. Eine Serienproduktion steht trotzdem nicht zur Diskussion.

BMW Z07 Concept

Der Z07 ist der Star der Tokio Motor Show 1997 und ein bereits ziemlich originalgetreuer Vorschlag für das Supercar Z8 Roadster mit klassischem Federspeichen-Lenkrad. Mit voller Absicht haben die Designer eine Menge Retro-Elemente aus dem Vorbild, dem BMW 507, eingearbeitet. Den Antrieb übernimmt der V8 aus dem M5. Das Auto wiegt 1347 Kilogramm und wird über ein handgeschaltetes Sechsganggetriebe befehligt. Das Serienauto Z8 kommt ganz ähnlich: Optisch werden nur die Hutze hinter dem Fahrersitz und das Double-Bubble-Hardtop fehlen.

BMW Z9 GT Concept

Auf der IAA 1999 überrascht BMW die Fangemeinde mit dem Concept Car Z9 – ein Statement des neuen Chefdesigners Chris Bangle, das später die Vorlage zur neuen Sechser-Reihe ab 2003 liefert. Unter der langen Motorhaube – die Front des Autos erinnert ein bisschen an den BMW 645i – steckt der weltweit erste Diesel-Achtzylinder. Es gibt Flügeltüren, und das Interieur ist bestechend einfach: Es gibt kaum Knöpfe. Bangle nennt das „Intuitive Interaction Concept".

Ein Jahr später zeigt BMW das Conceopt Car Z9 als Cabrio, hier ist das System noch weiter vereinfacht. Ziel ist es auch hier, von den bis zu 50 Bedienknöpfen und Schaltern im Auto wegzukommen. Das System findet tatsächlich später Eingang in die Straßenautos, und zwar in der Siebener-Serie ab 2001. BMW nennt das System später „iDrive" – allerdings ist es zunächst keineswegs so intuitiv bedienbar, wie die Werbung suggeriert. Im Z9 Cabrio sind mit dem Knauf etwa 700 Funktionen bedienbar.

BMW xActivity

Auf der Detroit Motor Show Anfang 2003 zeigt BMW das Konzept xActivity – ein so genanntes „Rahmencabriolet". Das Sport Activity Vehicle soll für sportliche Fahrdynamik, ein großes Einsatzspektrum auch in Familiengröße und den Genuss am Fahren unter offenem Himmel stehen. Langer Radstand und kurze Überhänge entsprechen den typischen BMW-Proportionen. Beim Dach bleiben die Holme in Längsrichtung stehen, was dem Wagen mehr Stabilität verleiht, als es bei einem Vollcabriolet möglich wäre. Dafür existieren keine B- und C-Holme. Auch fürs Heck haben sich die Ingenieure Besonderes einfallen lassen: Ein „Tail-Gate" zieht das Ladegut beim Öffnen der Heckklappe automatisch etwas aus dem Fahrzeug heraus, so dass es leichter entnommen werden kann.

Unter der Haube steckt ein Dreiliter-Reihensechszylinder mit 231 PS und 300 Nm Drehmoment. Das Besondere am Allradantrieb mit elektronischem Differenzialsperrsystem ADB-X: Die Traktionskontrolle sorgt dafür, dass zügiges Vorankommen gewährleistet ist.

TEL
NAV
MENU
CD
RADIO

Kapitel 7

Mit iDrive und Connectivity in die Zukunft

Abkehr von Gewohntem

Im Jahre 2001 kostet ein Neuwagen in Deutschland durchschnittlich 41.385 Mark (was etwa 21.000 Euro entspricht), damit wird erstmals die 40.000-Mark-Grenze geknackt. Für Gebrauchtwagen werden durchschnittlich 8300 Euro ausgegeben, und die Autobesitzer zahlen im Durchschnitt 373 Euro für Reparaturen im Jahr.

Am 18. Juli 2001 setzt sich Leipzig für die Errichtung eines neuen BMW-Werks durch, was 10.000 neue Arbeitsplätze für die Region bedeutet. Am 4. Dezember kündigt BMW-Chef Joachim Milberg überraschend seinen Rücktritt für den Mai 2002 an, sein Nachfolger wird Helmut Panke.

Einen Volltreffer landet BMW mit dem neuen Mini – spätes und positives Erbe des ansonsten wenig gewinnbringenden Kaufs der Rover Group. Das Kindchen-Gesicht des Autos schauen sich die Designer beim alten Mini ab, die Größe entspricht eher dem eines VW Golf. Die ersten Modelle der in Oxford gebauten Exemplare sind Mini One, Mini One D und Mini Cooper, und sie kommen beim Publikum sofort an. Kontrovers diskutiert werden dagegen die neue Sechser- und Siebener-Reihe von Chef-Designer Chris Bangle, deren progressive Formensprache mit vielen Sicken und Kanten die Kundschaft polarisiert. Auch mit dem in die Serie eingeführten innovativen iDrive-Dreh-Drück-Stellrad kommt nicht jeder auf Anhieb zurecht – es soll sogar manchen Stammkunden des Siebeners davon abhalten, zur neuen Generation zu greifen. Besser kommen die Fans mit BMW Online zurecht – es ist das erste internetbasierte Fahrzeugportal.

Fünf Liter Hubraum, 507 PS und 520 Nm: Das V10-Triebwerk S85B50 kann den fast zwei Tonnen schweren M5 aus dem Stand in 4,3 Sekunden auf 100km/h beschleunigen; Topspeed: 315km/h.

Im Jahr 2002 geht es weiter mit serienreifen Innovationen: BMW entwickelt mit der Universität Würzburg den ersten Aufmerksamkeits-Assistenten. Er kann feststellen, ob der Fahrer müde ist und soll Sekundenschlaf verhindern. BMW bringt außerdem die Aktivlenkung; sie bietet Präzision, Agilität und Komfort in jeder Fahrsituation: Dank Elektromotor wird die Lenkübersetzung tempoabhängig verändert – je langsamer, desto direkter. Und BMW-Formel-1-Fahrer Ralf Schumacher geht ein Licht auf: Er startet mit einem Helm, auf dessen Visier wichtige Daten aus der Box gespiegelt werden können. Das ist die Vorstufe zum vollfarbigen Head-Up-Display, das BMW im Jahr darauf erstmals in der Fünfer-Serie anbietet.

Ein paar interessante Statistiken des Jahres 2003: 84 Prozent aller Erwachsenen besitzen einen Führerschein; 76 Prozent aller Autos sind mit einer Klimaanlage ausgerüstet; jeder 20. neu zugelassene Wagen ist ein SUV; laut einer BMW-Studie stehen Autofahrer 200 Tage ihres Lebens im Stau. Und während Toyota die erste Einparkautomatik anbietet, kommt der erste Rolls-Royce Phantom unter der Schirmherrschaft von BMW auf den Markt. Weniger erfreulich: Der BMW X5 ist das Lieblingsauto der Autodiebe in Deutschland.

2004 trägt jedes 6. weltweit hergestellte Auto ein deutsches Markenzeichen, und die Autobahnmeistereien melden für das abgelaufene Jahr rund 8000 Tonnen verlorener Ladung – dazu

Wachablösung: Ingenieur, Manager und Träger des Bayerischen Verdienstordens Joachim Milberg (links) übergibt das Ruder an Helmut Panke, der bereits 1982 zu BMW kommt und von 2002 bis 2006 die Position des Vorstandsvorsitzenden inne hat.

gehören 40.000 illegal entsorgte Autoreifen. BMW präsentiert den 1er, den einzigen Golf-Konkurrenten mit Hinterradantrieb. Und schiebt noch einen Hammer nach mit dem ersten Zehnzylinder-Motor im M5. Im September sichern sich die Bayern auch noch einen Weltrekord für ein Wasserstoffauto: Der BMW H2R wird auf der Teststrecke Miramas in Frankreich mit 300,18 km/h gemessen.

94 Prozent aller Autos fahren im Jahr 2005 noch ohne Navigationssystem, und 41 Prozent der Deutschen wissen nicht, was ein „Hybridauto" ist. Geschichtliche Randnotiz: In diesem Jahr wird das endgültige Ende von Rover und damit auch MG verkündet. Die englischen Besitzer sind pleite, die Fabrik schließt – ein unrühmliches Ende zweier einst großer Marken.

BMW dagegen geht es durchaus gut. Im Jahr 2006 ist der Siebener sogar das meistverkaufte Luxusauto von insgesamt 275.000 neu zugelassenen Edel-Autos in Deutschland. Auch sportlich führt der Weg von BMW in die Königsklasse Formel 1: Mit dem Team Sauber gehen die Bayern bis 2009 in der höchsten Motorsportklasse an den Start. Die Autos werden im schweizerischen Hinwil gebaut, die Motoren in München.

2007 ist das erste Wasserstoffauto von BMW serienreif, der Hydrogen 7, und BMW bietet als erster Hersteller weltweit Google-Dienste im Auto an. Im Oktober kauft BMW die Motorradmarke Husqvarna, außerdem gewinnen die Münchener in diesem Jahr das Ethik-Ranking „Good Company Ranking 2007" als bester Autohersteller (Platz vier im Gesamtranking, erster wird BASF). Carbon-Keramikbremsen werden serientauglich, und der Abstandsregler funktioniert nun in Verbindung mit Tempomat sogar bis zum Stillstand. Beim Konkurrenten Daimler-Benz wird die „Hochzeit im Himmel" mit dem Abstoßen von Chrysler vollends geschieden. Silber ist die beliebteste Autofarbe weltweit, und ZF bringt kurz vor der globalen Finanzkrise die erste Achtgangautomatik.

Schon 2008 brechen die Autoverkäufe weltweit ein, aber 2009 gilt als größtes Krisenjahr der Moderne. Von den neun führenden Autokonzernen kommen VW, Fiat und BMW recht gut davon, GM allerdings leidet und muss im folgenden Jahr vom Staat gerettet werden. Für Toyota wird es ein echtes Horrorjahr. Die deutsche Autoindustrie gibt allerdings für die Forschung so viel aus wie noch nie: 20,9 Milliarden Euro.

Umstritten ist die Verpflichtung von Ex-Außenminister und Ex-Grünen-Chef Joschka Fischer als Politik- und PR-Berater bei BMW im Jahr 2009. Die Biker beglücken die Bayern unterdessen mit dem BMW-Motorrad S 1000 RR: Es ist das erste Supersport-Motorrad – mit 193-PS-Motor und Titanventilen.

Mit gemischten Gefühlen begehen die Menschen die folgenden Jahre: 2010 ereignet sich im Golf von Mexico die schlimmste Ölkatastrophe durch die Havarie der Ölplattform „Deepwater Horizon", Sebastian Vettel – ein Talent aus der BMW-Nachwuchsförderung – wird mit 23 Jahren jüngster F1-Weltmeister aller Zeiten. Ende des Jahres wird die EU-weite Bußgeldvollstreckung eingeführt und in Deutschland beginnt die noch heute grassierende SUV-Manie mit 20 Prozent Verkaufsplus. In Sachen Motoren startet im Jahr 2011 das Downsizing, es wird über turbogeladene Dreizylinder-Motoren nachgedacht. An den Zapfsäulen wird das unbeliebte E10-Benzin eingeführt mit fünf bis zehn Prozent Bioethanol. Und Carsharing wird zum Massenphänomen – zwei Jahre später gibt es in Deutschland bereits 757.000 Nutzer. BMW beteiligt sich daran mit dem Elektroauto i3. 2012 integriert BMW ConnectedDrive die ersten zertifizierten BMW-Apps Ready Applikationen von Drittanbietern wie Aupeo (Internetradio).

Inzwischen ist der Fortschritt in Sachen Elektroautos offensichtlich: 2013 kommen vermehrt Plug-In-Hybride auf den Markt, das amerikanische Tesla Model S erobert den E-Markt. BMW baut das ConnectedDrive aus und ordnet es neu: Die Connectivity-Lösungen im Bereich Services & Apps sind nun auch einzeln bestellbar. Erstmals werden viele BMW-Modelle serienmäßig mit einer fest installierten SIM-Karte ausgestattet.

Eine neue Zeitrechnung bricht an, als die Bayern 2014 mit dem 2er Active Tourer den ersten BMW mit Frontantrieb bauen. Da verkauft BMW bereits 21,6 Prozent seiner Autos in China. Damit ist das Land der wichtigste Absatzmarkt nach den USA und Deutschland. BMW heißt auf Mandarin übrigens „Baoma" und bedeutet ungefähr „wertvolles Pferd" …

Auf eine anderes Pferd setzt Toyota 2015: Die Japaner bringen mit dem Mirai das erste serienmäßige Wasserstoffauto, und VW erlebt seinen GAU mit manipulierten Abgaswerten – der Begriff „Dieselgate" steht für Betrug am Kunden. Auch unerfreulich: Alle deutschen Staus zusammen summieren sich in diesem Jahr auf 1,1 Millionen Kilometer – das ist 28 Mal um die Erde. Auch nicht besser: 4088 Stunden unseres Lebens stehen wir vor roten Ampeln. Der Trost: 75 Prozent der Autofahrer nutzen die Zeit zum Flirten …

Revolutioniert mit ihrem Erscheinen im Jahr 2009 die Klasse der Supersportler: BMW S 1000 RR. Gefertigt wird das Modell für einen Einstandspreis von 15.500 Euro im Werk Berlin-Spandau – bis 2010 sind es bereits über 2000 Exemplare.

BMW 316ti-325ti compact

Der neue kompakte Dreier kommt 2001 recht überraschend, nachdem wenig auf den Nachfolger des compact von 1994 hinweist. Er ist 220 Millimeter kürzer als der normale Dreier und unterscheidet sich diesmal nicht nur hinten, sondern auch vorne von seinem Vorbild. Die compact-Baureihe erhält zuerst die neuen Valvetronic-Motoren, die Stück für Stück danach auch in anderen Karosserievarianten verbaut werden.

Vier verschiedene Motorvarianten (außer den relativ wenigen Exemplaren eines 318td) stehen zur Verfügung: Den Einstieg markiert der 316ti compact mit 1,8 Liter großem Vierzylinder und 116 PS. Als 318ti trägt der compact einen Zweiliter-Vierzylinder mit 143 PS unter der Haube, das Benzin-Top-Modell ist der 325ti mit 2,5-Liter-Reihensechszylinder und 192 PS. Dazwischen gibt es noch den 320td mit Vierzylinder-Turbodiesel-Direkteinspritzer, der für 136 PS sorgt. Die günstigste compact-Alternative kostet 39.899 Mark, das Top-Modell schon 56.132 Mark. Dafür gibt es perfekten Durchzug, schaltfaules Fahren und 235 km/h Spitze. Besitzer des 325ti wähnen sich nah am M3.

Technische Daten	**BMW 325ti compact**
Code	E46/5
Bauart	Schrägheck-Limousine
Bauzeit	2000 bis 2004
Motor	Sechszylinder/Reihe
Hubraum	2494 cm^3
Leistung	192 PS bei 6000/min
Getriebe	Fünfgang-Handschalter
Antrieb	Hinterräder
Gewicht	1405 kg
V_{max}	235 km/h

BMW 1er Fünftürer

Nach der erfolgreichen Mini-Aquisition über den Rover-Deal füllt BMW nun die Lücke zwischen dem BMW Mini und der 3er Reihe. So bekommt die 1er Reihe ihre Chance, der neue Konkurrent von VW Golf und Audi A3. Er ist der erste kleine BMW seit der 02er Reihe von 1966, erhält aber nicht (wie alle vermuten haben) die Bezeichnung „Zweier". Wohlweißlich will sich die BMW-Führung diese Option offen lassen und kann sich einen noch kleineren BMW nicht vorstellen.

Technische Daten	BMW 120i
Code	E87
Bauart	Schrägheck-Limousine
Bauzeit	2004 bis 2013
Motor	Vierzylinder/Reihe
Hubraum	1995 cm^3
Leistung	150 PS bei 6200/min (ab 2007: 170 PS bei 6700/min)
Getriebe	Sechsgang-Handschalter
Antrieb	Hinterräder
Gewicht	1260 kg
V_{max}	217 km/

Alleinstellungsmerkmal des Einsers in seinem Segment, der zunächst von 2004 bis 2007 gebaut wird und danach ein Facelift erhält plus neuer Technik wie zum Beispiel Start-Stopp-Funktion, ist der Hinterradantrieb mit Längsmotor, wobei der Schwerpunkt der Motor-Getriebe-Einheit hinter der Vorderachse liegt. Das erhöht den Fahrspaß gegenüber den Konkurrenten deutlich. Zunächst kommt das Auto als Fünftürer.

Der Kunde hat die Wahl zwischen 116i (1,6-Liter-Vierzylinder, 115 PS), 118i (Zweiliter-Vierzylinder, 129 PS), 120i (Zweiliter-Vierzylinder, 150 PS) sowie 130i (Dreiliter-Sechszylinder mit 258 PS). Dieselseitig ist im Angebot ein 118d (Zweiliter-Vierzylinder-Turbodiesel mit 122 PS) und ein 120d (gleicher Motor, aber 163 PS). So beginnt der Einstieg in die große BMW-Welt plötzlich bei weniger als 20.000 Euro, genau 19.800 Euro.

BMW 730i - 760i

Die vierte Generation des großen BMW wird „Bangle-Siebener" genannt nach ihrem Designer, Chris Bangle. Das bedeutet nicht nur Lob, denn von vielen Seiten wird das Auto wegen seiner Opulenz und unüblicher Sicken und Kanten nicht gerade zimperlich kritisiert. Das Modell kommt als 730i (Reihensechszylinder mit 231 PS), 735i (V8 mit 272 PS), 745i (V8 mit 333 PS) und 760i (V12 mit 445 PS, auch als iL in einer Langversion), jedoch sind auch Dieselmotoren zu haben (als 730d Sechszylinder-Direkteinspritzer-Turbo mit 218 PS) sowie als 740d (V8-Direkteinspitzer-Turbo mit 358 PS).

Der 740d ist das weltweit erste Auto der Luxusklasse mit direkteinspritzendem Achtzylinder-Diesel, und nur das kleine „d" am Heck weist darauf hin – der Preis: 130.000 Mark. Technisch ist der Siebener sowieso weit vorne: In einigen Modellen steckt die weltweit erste Sechsgang-Automatik, als 760i kommt er mit dem ersten direkt einspritzenden Zwölfzylinder.

Die Preisspanne zieht sich – jetzt in Euro – von 61.500 für den 730i bis zu 111.900 Euro für den Sechsliter-Zwölfzylinder. Den größten Erfolg erzielt der 745i trotz der zunächst ungewohnten Bedienungsweise. Denn es gibt kein Zündschloss, keine übliche Handbremse und keinen Schalt- oder Automatikwählhebel (die Sitze dagegen haben eine schier unglaubliche Anzahl von möglichen Stellhebeln). Der Großteil der Wagenbedienung steckt im runden Knopf auf der Mittelkonsole, dem „iDrive".

Technische Daten	BMW 745i
Code	E65
Bauart	Limousine
Bauzeit	2001 bis 2005
Motor	V8
Hubraum	4398 cm^3
Leistung	333 PS bei 6100/min
Getriebe	Sechsgang-Steptronic
Antrieb	Hinterräder
Gewicht	1945 kg
V_{max}	250 km/h

BMW 520i - 545i

Der neue Fünfer wird wieder ein Erfolg – nicht zuletzt deshalb, weil er optisch konservativer gestaltet wird als der neue Siebener. Zwar besitzt das Modell, das auch als touring angeboten wird, ebenfalls das iDrive-System, dessen Bedienung ist aber auf Kundenwunsch deutlich vereinfacht. Fans finden wieder eine normale Handbremse und einen mittig platzierten Handschalter fürs Getriebe.

Die Kunden haben die Wahl zwischen sieben Motorisierungen. Den Einstieg markiert der 520i mit 2,2-Liter-Reihensechszylinder und 170 PS. Als 525i gibt es mehr Hubraum (2495 ccm) und 192 PS, der 530i kommt mit Dreiliter-Sechszylinder und 231 PS. Der kleinste V8 (2979 Kubik) steckt im 530i, der 545i verteilt schon 4398 Kubikzentimeter auf acht Zylinder, was 333 PS bedeutet und 58.000 Euro kostet. Hinzu kommen drei Diesel: 525d mit 177 PS und 2,5-Liter-Reihensechszylinder, 530d als direkt einspritzender Dreiliter-Turbodiesel, 535d mit zweistufigem Lader und 272 PS.

Technische Daten	BMW 545i
Code	E60
Bauart	Limousine, Kombi
Bauzeit	2003 bis 2005
Motor	V8
Hubraum	4398 cm³
Leistung	333 PS bei 6100/min
Getriebe	Sechsgang-Handschalter
Antrieb	Hinterräder
Gewicht	1640 kg (Limousine)
V_{max}	250 km/h

Ganz neu ist die aktive Lenkung, die BMW gemeinsam mit ZF entwickelt hat: Das AFS (Active Front Steering) verändert seine Übersetzung je nach Tempo des Wagens. Das soll das Rangieren in der Stadt, aber ebenso das Spurhalten bei hohem Tempo auf Landstraße und Autobahn vereinfachen.

BMW 6er 630i - 645 Ci Coupé

Mit dem neuen Sechser bringt BMW endlich wieder ein schickes Coupè oder wahlweise Cabriolet (ein Jahr später) mit der richtigen Bezeichnung – der Achter, der einst den Ur-Sechser ablöste, wurde nie so richtig akzeptiert von den Freunden der Marke.

Im 630i arbeitet der weltweit leichteste Sechszylinder, der erste Motor aus Magnesium. Auch die gesamte Konstruktion ist auf möglichst wenig Gewicht ausgelegt. Das Coupé gibt es als 630i mit 258 PS starkem Dreiliter-Sechszylinder oder als 645 Ci mit 4,4-Liter-V8 und 333 PS. Preis der Power-Version: 72.000 Euro. Die Kunden haben die Wahl zwischen einem Sechsgang-Handschalter, einem sequenziellen SMG-Getriebe oder einer ZF-Sechsgang-Automatik.

Technische Daten	BMW 645 Ci
Code	E63
Bauart	Coupé
Bauzeit	2003 bis 2005
Motor	V8
Hubraum	4398 cm^3
Leistung	333 PS bei 6100/min
Getriebe	Sechsgang-Handschalter
Antrieb	Hinterräder
Gewicht	1690 kg
V_{max}	250 km/h

Technische Daten	BMW 645 Ci Cabrio
Code	E64
Bauart	Cabriolet
Bauzeit	2003 bis 2005
Motor	V8
Hubraum	4398 cm^3
Leistung	333 PS bei 6100/min
Getriebe	Sechsgang-Handschalter
Antrieb	Hinterräder
Gewicht	1890 kg
V_{max}	250 km/h

BMW 630 Ci Cabrio - 645 Ci Cabrio

Ein Jahr nach dem Coupé kommt das Sechser-Cabrio – eine Novität, denn früher gab es keinen offenen Sechser. Wie beim Coupé teilt sich der Sechser viele Komponenten mit dem aktuellen Fünfer-BMW. Das 630 Ci Cabrio kommt erst mit 258 PS, 2007 erstarkt es im Rahmen einer Grundüberarbeitung der Sechser-Reihe auf 272 PS. Der 645 Ci mit 4,4-Liter-Achtzylinder bringt schon 333 PS mit, das Top-Modell 650i mit 4,8-Liter-V8 leistet 367 PS. Die Cabriolets kosten grundsätzlich rund 8000 Euro mehr als die Coupés.

BMW Z4 Roadster 2.2i – 3.0i

Wer Fan ist, weiß: Der Z4, Nachfolger des Z3 Roadster, wird genau das, was die Z3-Fahrer eigentlich haben wollten – ein echter Sportwagen mit passenden Motoren. Drei Grundausführungen stehen zur Wahl, alle mit Reihensechszylinder: 2,2 Liter, 2,5 Liter und drei Liter. Die Preise reichen von 29.900 bis 38.500 Euro. SMG-Schaltung gibt es mit den beiden größeren Motorisierungen optional. Der Z4 wird nur in Spartanburg, USA, gebaut – je nach Modell von 2002 bis zum Schluss im Jahr 2008.

Technische Daten	BMW Z4 Roadster 3.0i
Code	E85
Bauart	Roadster
Bauzeit	2002 bis 2006
Motor	Sechszylinder/Reihe
Hubraum	2979 cm^3
Leistung	231 PS bei 5900/min
Getriebe	Fünfgang-Steptronic
Antrieb	Hinterräder
Gewicht	1335 kg
V_{max}	250 km/h

BMW X3 2.5i - 3.0i

Kleiner, einfacher und günstiger als der X5: Das allradgetriebene Kompakt-SUV X3 soll die Erfolge des großen Bruders X5 nach unten absichern. Das Konzept stammt von Magna Steyr und wird auch in deren Grazer Werk gebaut. Es gibt den X3 nur mit zwei verschiedenen Motoren, beides sind Reihensechszylinder mit 2,5 Liter Hubraum und 192 PS (Preis: knapp 32.000 Euro) oder drei Liter mit 231 PS. Überraschend ist, dass der Kofferraum um 20 Liter größer gerät als beim X5.

2006 wird das Modell überarbeitet, besonders der Innenraum, der nicht überall auf Gegenliebe gestoßen ist. Schließlich wird noch der Dreiliter-Diesel-Motor eingeführt, ein Sechszylinder-Common-Rail mit zwei Turboladern (286 PS), 580 Nm und eine Sechsgang-Automatik.

Knapp 620.000 Einheiten des Typs E83 kann BMW absetzen. Der Nachfolger mit dem Code F25 wird später im BMW-eigenen US-Werk in Greer, South Carolina, gebaut.

Technische Daten	BMW X3 2.5i
Code	E83
Bauart	SUV
Bauzeit	2004 bis 2006
Motor	Sechszylinder/Reihe
Hubraum	2495 cm^3
Leistung	192 PS bei 6000/min
Getriebe	Sechsgang-Handschalter
Antrieb	Allrad
Gewicht	1815 kg
V_{max}	208 km/h

BMW 316i - 335i xDrive

Natürlich auf der wichtigen Automesse in der Schweiz, dem Genfer Salon, präsentiert BMW Anfang 2005 die inzwischen fünfte Generation der begehrten Dreier-Reihe. Produziert wird die Mittelklasse-Baureihe in München, Regensburg und Leipzig sowie in Ägypten, Südafrika, Thailand und China.

Vier Karosserievarianten werden angeboten: zuerst die Limousine (E90), ein halbes Jahr später der Kombi namens touring (E91), ab September 2006 das Coupé (E92) und im März 2007 das Vollcabrio (E93). Alle Dreier erhalten Reihensechs- oder -vierzylinder (abgesehen vom M3 mit V8-Motor).

Durch Vereinfachung der Motorenpalette stimmen jetzt die Modellangaben kaum mehr mit den echten Hubräumen der Maschinen überein. So besitzen 316i, 318i und 320i (Benziner und Diesel) jeweils einen Zweiliter-Vierzylinder, die größeren Modelle alle den Dreiliter-Sechszylinder. Den stärksten Antrieb bekommt der 335i mit Vollaluminium-Motorblock, zwei Turboladern und 400 Nm – wer mehr will, kann ab 2009 ein „Performance Power Kit" erwerben, damit gibt es 20 PS und 50 Nm mehr. Bei den Dieseln ist der 325d neu. In Sachen Getriebe ist ein Sechsgang-Handschalter Serie, erhältlich sind aber auch eine Sechsgang-Automatik sowie ein Siebengang-Doppelkupplungsgetriebe.

Die Top-Modelle 325i, 330i, und 335i sowie 320d und 330d sind auch als Allradler zu haben. Letztlich werden in allen Baujahren zwischen 2005 und 2012 mehr als drei Millionen E90 bis E93 gebaut.

Technische Daten	**BMW 335i xDrive**
Code	E90
Bauart	Limousine, Kombi, Coupé, Cabriolet
Bauzeit	2006 bis 2010
Motor	Biturbo-Sechszylinder/Reihe
Hubraum	2996 cm^3
Leistung	272 PS bei 6650/min
Getriebe	Sechsgang-Handschalter
Antrieb	Allrad
Gewicht	1615 kg
V_{max}	250 km/h

BMW X5 xDrive30i - X5 xDrive50i

Die zweite Generation des erfolgreichen SAV (Sports Activity Vehicle) X5 zeigt BMW erstmals auf dem Pariser Salon 2006 – sie wird erst 2013 wieder von einem Nachfolger abgelöst. Mit Blick auf den wichtigsten Absatzmarkt für diese Fahrzeuggröße wird der stets Allrad getriebene X5 in Amerika gefertigt, genauer in Greer, South Carolina, und zwar gemeinsam mit dem technisch nahezu identischen X6.

Im X5 bietet BMW erstmals eine dritte Sitzreihe für nicht ganz so groß gewachsene Passagiere an, außerdem das „Park Distance System", das nur mit der optionalen Rückfahrkamera Sinn macht. 2010 erfolgt ein Facelift mit leichten Retuschen am Exterieur. Allerdings gibt es neue Motoren, wobei besonders der Reihensechser-Diesel erwähnenswert ist. Auch werden alle Sechsgang-Automatikgetriebe durch solche mit acht Gängen ersetzt. Im Einzelnen beginnt die X5-Kraft bei zunächst 272 PS im Reihensechser und führt bis zum xDrive50i mit 4,4-Liter V8 und 408 PS. Die Dieselvarianten (alle mit dem neuen Dreiliter-Reihensechszylinder) beginnen bei 235 PS und führen bis zu 381 PS. Der X5 xDrive40d kostet zum Beispiel 61.800 Euro.

Technische Daten	BMW X5 xDrive40d
Code	E70
Bauart	SUV
Bauzeit	2010 bis 2013
Motor	Sechszylinder-Diesel/Reihe
Hubraum	2993 cm^3
Leistung	306 PS bei 4400/min
Getriebe	Achtgang-Automatik
Antrieb	Allrad
Gewicht	2110 kg
V_{max}	236 km/h

Alberto Ascari
8
Boxenpate im Historischen Fahrerlager

BMW 1er Dreitürer, Coupé, Cabrio

Nachdem der Fünftürer des Einsers schon vor drei Jahren präsentiert wurde, kommt BMW nun mit einem Dreitürer (E81) sowie einem zweitürigen Coupé (E82) und einem Cabriolet (E88). Beim Cabriolet sind zunächst drei Benziner und ein Diesel im Angebot.

Es beginnt beim 118i (Zweiliter-Vierzylinder, 143 PS), führt über den 120i (Zweiliter-Vierzylinder, 170 PS) und endet im 39.400 Euro teuren 135i mit dem Spitzenmotor, einem Dreiliter-Sechszylinder-Biturbo mit 306 PS. Kurz nach dem Marktstart wird noch der 125i (Zweiliter-Vierzylinder, 218 PS) nachgeschoben. Als Selbstzünder gibt es das Modell zunächst nur als Zweiliter-Turbodiesel im 120d mit 177 PS. Beim Coupé ist die Motorenauswahl anders: Wer Benzin tanken will, muss den starken Dreiliter-Sechszylinder nehmen, zum 120d gesellt sich noch der 123d mit Zweiliter-Turbodiesel (204 PS).

Technische Daten	**BMW 120d Coupé**
Code	E82/E81/E88
Bauart	Coupé, Limousine, Cabriolet
Bauzeit	2007 bis 2013
Motor	Sechszylinder/Reihe
Hubraum	1995 cm^3
Leistung	177 PS bei 4000/min
Getriebe	Sechsgang-Handschalter
Antrieb	Hinterräder
Gewicht	1375 kg
V_{max}	228 km/h

BMW X6 xDrive35i - BMW ActiveHybrid X6

Erst zwei Jahre nach dem Schwestermodell X5, also im Jahr 2008, launcht BMW die neue Generation des nicht unumstrittenen SUV-Coupés X6. Der bekommt erstmals den neuen 4,4-Liter-V8-Biturbo mit „High Precision Injection" und den Turboladern zwischen den Zylinderbänken. Um den Durst der starken Motoren zu drosseln, arbeitet die Technik mit Bremsrückgewinnungsenergie, rollwiderstandsreduzierten Reifen und Luftklappensteuerung.

Noch konsequenter ist das 2009 vorgestellte Modell ActiveHybrid X6, die mehr als 100.000 Euro teure Hybrid-Version des Riesen-Coupés. Dieser X6 ist 13 Zentimeter länger als die anderen Modelle, die Front ist leicht verändert. Der mehr als 2,5 Tonnen schwere Vollhybrid besitzt einen 4,4-Liter-Biturbo-V8 sowie zwei kleine, im Getriebegehäuse untergebrachte Elektromotoren mit 91 und 86 PS, was sich als Systemleistung zu 485 PS und 780 Nm summiert. Energiespeicher ist ein Nickel-Metall-Hydrid-Akku im Fahrzeugboden. Der Hybrid-X6 fährt grundsätzlich elektrisch an, bis Tempo 60 kann der X6 rein elektrisch fahren. Mehr als 2,5 Kilometer lokal emissionsfreier Fahrt ist allerdings nicht drin. 2011 nimmt BMW den Hybrid wegen zu geringer Nachfrage vom US-Markt.

Technische Daten	BMW ActiveHybrid X6
Code	E71
Bauart	SUV-Coupé
Bauzeit	2009 bis 2011
Motor	Biturbo-V8, zwei Elektromotoren
Hubraum	4395 cm^3
Systemleistung	485 PS kombiniert
Getriebe	Achtgang-Automatik
Antrieb	Allrad
Gewicht	2525 kg
V_{max}	236 km/h

BMW 740i - BMW 760Li

Im Jahre 2008 ist es mal wieder Zeit für eine neue Generation des Siebeners. Tenor Luxus, Luxus, Luxus. Die Moderne fordert Fahrassistenzsysteme, und BMW liefert – wenn auch teilweise gegen Aufpreis. Tempolimit-Anzeige, Abstandsregeltempomat, Auffahrwarnung, Spurwechsel- und Spurhalteassistent, Nachtsicht-Assistent, Head-up-Display, Surround-View, Rückfahrkamera, Einparkassistent, Bremsassistent, Fernlichtassistent, Fußgängermarkierung – bleibt nur zu hoffen, dass die Fahrer das Fahren nicht verlernen. BMW setzt außerdem wieder auf sein fahrerorientiertes Cockpit mit einem Display in Black-Panel-Technologie. Der elektronische Gangwahlhebel wandert zurück auf die Mittelkonsole, der iDrive besitzt ein hoch auflösendes Siebenzoll-Display. Das Auto kommt mit sechs Fahrdynamik-Programmen, die jeweils die Parameter von Fahrwerk, Lenkung, Motor und Getriebe ändern.

Der neue Siebener kann zunächst mit drei verschiedenen Motoren geordert werden als 740i mit Dreiliter-Biturbo-Sechszylinder, 750i mit 4,4-Liter-V8 und als 730d mit Dreiliter-Sechszylinder. Später kommen 740d und 760i (134.900 Euro) mit obligatorischem V12 samt zweier Turbolader hinzu. Die übliche Langversion ist von Anfang an zu haben. Ab 2010 ist auch eine ActiveHybrid-Version mit dem Code F04 zu bekommen mit 4,4-Liter-V8 und 15-kW-E-Motor (Systemleistung 465 PS), ab Mitte 2012 mit Dreiliter-Reihensechszlinder und 40-KW-E-Motor (Systemleistung 354 PS). 2012 erfährt der Siebener bereits ein Facelift.

Technische Daten	BMW 750Li
Code	F01
Bauart	Limousine
Bauzeit	2008 bis 2012
Motor	Biturbo-V8
Hubraum	4395 cm^3
Leistung	407 PS bei 5500/min (ab 2012: 449 PS)
Getriebe	Achtgang-Automatik
Antrieb	Hinterräder
Gewicht	1980 kg
V_{max}	250 km/h

BMW 316d - 335d Facelift (LCI)

2008 frischt BMW die Dreier-Baureihe auf – diesmal recht umfangreich. Zunächst knöpfen sich die Bayern nur die Limousine und den Kombi vor. Coupé und Cabrio folgen 2010. Die modernisierte Fassung erkennt man äußerlich unter anderem an neuer Front- und Heckschürze sowie an zwei „Charakterlinien" auf der Motorhaube. In die Scheinwerfer zieht LED-Technik ein, die Spur wird verbreitert und die Vordersitze erhalten crashaktive Kopfstützen.

Motorseitig erhält der 330d nun 245 PS statt der bisherigen 231 PS und bekommt den Speicher-Katalysator „Blue Performance". Auch die Version 320d bekommt mehr Leistung; so verfügt das LCI-Modell nun über 177 PS (früher 163 PS). Der populäre 318d verzeichnet einen Leistungssprung von 122 auf 143 PS.

Anlässlich der Facelift-Einführung wird im Portfolio der Benzin befeuerten Varianten das Triebwerk des 335i modifiziert: Statt zweier Turbolader erhält er einen mit der Twin-Scroll-Technologie. Damit erfüllt er nun die Euro-5-Norm, der Spritverbrauch sinkt um etwa einen Liter. Selbstverständlich erhöhen sich die Preise etwas.

Technische Daten	BMW 318d
Code	E90/E91
Bauart	Kombi, Limousine
Bauzeit	2008 bis 2012
Motor	Vierzylinder-Turbodiesel/Reihe
Hubraum	1995 cm³
Leistung	143 PS bei 4000/min
Getriebe	Sechsgang-Handschalter
Antrieb	Allrad
Gewicht	1580/1430 kg
V_{max}	210 km/h

BMW Z4 Roadster sDrive18i – Z4 Roadster sDrive35i

Die neue Generation des Zweisitzers Z4 kommt gelängt (plus zehn Zentimeter) und erneut geschärft zu den Kunden. Zunächst gibt es den Z4 nur als 2,5-Liter-Sechszylinder sDrive23i mit 204 PS und als Top-Roadster mit Dreiliter-Sechszylinder und 258 PS, woraus später 306 PS werden. Nur im Top-Modell hat man die Wahl, ein Siebengang-Doppelkupplungsgetriebe zu ordern. Seit 2010 ist der Z4 auch als sDrive35is zu haben, was 340 PS und 500 Nm bedeutet und mit knapp 50.000 Euro bezahlt werden muss. Aber es geht auch abgespeckt: Ab 2011 sind endlich moderate Vierzylinder zu bekommen, seit 2013 markiert der Zweiliter-sDrive 18i mit letztlich 156 PS den Einstieg in die BMW-Roadster-Welt.

Auf dieser Basis stellt übrigens BMW Italia im selben Jahr das auf 99 Exemplare limitierte Sondermodell „Mille Miglia" zum gleichnamigen Event vor – unter anderem mit der typischen BMW-70er-Jahre-Farbe Polar-Silber matt, mit roten Nähten in der Alcantara-Innenausstattung, schwarzer Heckschürze und Mille-Miglia-Badges.

Technische Daten	BMW Z4 Roadster sDrive35i
Code	E89
Bauart	Roadster
Bauzeit	2009 bis 2016
Motor	Biturbo-Sechszylinder/Reihe
Hubraum	2979 cm^3
Leistung	306 PS bei 5800/min
Getriebe	Sechsgang-Handschalter
Antrieb	Hinterräder
Gewicht	1505 kg
V_{max}	250 km/h

BMW 535i GT - 550i GT

Hohe Sitzposition und als erster viertüriger BMW rahmenlose Türen – mit dem 5er Gran Turismo wagen sich die Bayern erstmals in weniger sportliche Gefilde. Die Schrägheck-Limousine soll in der Oberklasse zwischen 5er und 7er angesiedelt sein, das Design spaltet mal wieder die Gemeinde.

In Sachen Motoren zeigt sich aber erneut, dass Kraft der BMW-Antrieb ist. Bei den Benzinern beginnt der Vortrieb im 535i GT mit dem Dreiliter-Reihensechser plus Turbolader und 306 PS, die starke Variante markiert der 550i GT mit Biturbo-V8 und zunächst 408 PS, ab 2012 450 PS. Und damit schafft das Auto den Sprint in beeindruckenden fünf Sekunden. Auch drei Dieselmotoren stehen zur Auswahl: Zunächst kommt der GT als 530d mit Sechszylinder und Turbolader (245 PS, ab 2012: 258 PS), bald darauf als 535d mit demselben Dreiliter-Diesel, aber mit zwei Turboladern, was zuerst 299 PS ausmacht und ab 2012 313 PS. Ebenfalls ab Mitte 2012 wird das Modellprogramm um den 520d GT untenherum abgerundet. Darin sitzt der einzige Vierzylinder der Modellreihe (mit Turbolader). Die Zweiliter-Maschine schafft 184 PS. Alle Modelle sind mit einer Achtgangautomatik ausgestattet, und alle Modelle sind auch als Allradler zu haben.

Technische Daten	BMW 535i GT
Code	F07
Bauart	Schrägheck-Limousine
Bauzeit	ab 2009
Motor	Sechszylinder/Reihe
Hubraum	2979 cm^3
Leistung	306 PS bei 5800/min
Getriebe	Achtgang-Automatik
Antrieb	Hinterräder
Gewicht	2015 kg
V_{max}	250 km/h

Technische Daten	BMW ActiveHybrid 5
Code	F10
Bauart	Limousine
Bauzeit	ab 2011
Motor	Sechszylinder/Reihe, E-Motor
Hubraum	2979 cm³
Systemleistung	340 PS bei 1200/min
Getriebe	Achtgang-Automatik
Antrieb	Hinterräder
Gewicht	1850 kg
V_{max}	250 km/h

BMW 520i - 550i

2010 kommt die nächste Generation des 5er BMW. Wie üblich ist der Nachfolger gewachsen – in diesem Fall vier Zentimeter in der Länge. Die Limousine bekommt den Code F10, die Kombiversion touring hat die interne Bezeichnung F11. Die Preise starten bei 41.000 Euro, wenn man zur einfachsten Version greift (520i Limousine). Für die meisten möglichen Assistenzsysteme muss man dann allerdings Aufpreis zahlen wie Abstandsregeltempomat, Spurwechsel- und Spurhalteassistent, Nachtsichtassistenz mit Personenerkennung, Parkassistent und Rückfahrkamera.

Die Bayern statten ihr Zugpferd mit allem aus, was motortechnisch möglich ist: 2010 beginnt das Portfolio beim 520i mit Turbo-Vierzylinder und 184 PS, es folgt der 523i mit Reihensechszylinder samt Direkteinspritzung und Magerbetrieb (204 PS), 528i mit Sechszylinder (258 PS), 535i mit 306 PS und 550i mit Biturbo-V8 und 408 PS. Die M GmbH sorgt für passende Power-Modelle. 2013 wird bei einigen Motoren an der Technik geschraubt, so dass teilweise auf Vierzylinder mit Turbolader umgestellt wird, wobei natürlich die Leistung etwas steigt.

Besonderes Augenmerk gebührt dem ActiveHybrid 5, der für 62.900 Euro zu haben ist. Der Vollhybrid kommt mit Turbo-Reihensechszylinder und 306 PS sowie einem zusätzlichen Elektromotor mit 54 PS. Zusammen beträgt die Systemleistung 340 PS, was einen Sprint auf 100 km/h in 5,9 Sekunden ermöglicht. Auch die Diesel-Motoren unterliegen ständiger Veränderung: Bislang haben die Käufer die Wahl aus 518d (143/150 PS), 520d EfficientDynamics Edition (184 PS), 520d (184 PS, später 190 PS), 525d (204 PS, später 218 PS) und 530d (245 PS, ab 2011: 258 PS), 535d (299 PS, als xDrive 313 PS. 2013 wird die Baureihe leicht überarbeitet – in der Code-Nomenklatur wird sie dann mit „F10 LCI" bezeichnet, was echtes „BMW-Sprech" und „Life Cycle Impuls" bedeutet.

BMW X1

Auf der Basis des Dreier-BMW bieten die Münchener ab 2009 den Kompakt-SUV X1 an. Sein Design kommt an, auch bei den Profis der Branche – das Auto erhält den Red Dot Design Award. Und das im Werk Leipzig gebaute Auto (ab 2012 auch in China, gemeinsam mit Joint-Venture-Partner Brilliance) kann auch etwas: Mit 20 Zentimetern Bodenfreiheit und Bergabfahrhilfe ist der Allradler immerhin bedingt offroadtauglich, was man von anderen SUV dieser Kategorie nicht immer behaupten kann. Wer das nicht haben will, kann ihn auch mit reinem Hinterradantrieb bekommen. Ein Facelift 2012 sorgt für zeitgemäßes Auffrischen.

Zu Beginn ist ein Benzin getriebener X1 nur als xDrive28i zuhaben (Dreiliter-Sechszylinder mit 258 PS), kurze Zeit später wird die Kraft auf 218 PS gedrosselt, und dem Modell ein X1 sDrive18i mit 150-PS-Vierzylinder zur Seite gestellt. Ab 2011 hat der xDrive28i dank Downsizing einen Zweiliter-Turbo mit 245 PS, und als 20i (hinterrad- sowie allradgetrieben) 184 PS.

Ab 2013 ist wieder ein Sechszylinder-Turbo zu haben, und zwar mit 306 PS im X1 xDrive35i. Auf der Dieselseite offeriert BMW den X1 ausschließlich mit Vierzylinder-Power von 116 über 143, 177, 184, 204 und 218 PS, allesamt ab Werk gekoppelt mit einem Sechsgang-Schaltgetriebe. Für Sparfüchse offeriert BMW seit 2011 noch einen 164 PS-Diesel, der aber nur im hinterradgetriebenen X1 sDrive20d EfficientDynamics Edition eingebaut ist. 2015 wird die Baureihe E84 vom Nachfolger F48 abgelöst.

Technische Daten	**BMW X1 xDrive35i**
Code	E84
Bauart	Kompakt-SUV
Bauzeit	2013 bis 2015
Motor	Sechszylinder-Turbo/Reihe
Hubraum	2979 cm^3
Leistung	306 PS bei 5800/min
Getriebe	Sechsgang-Steptronic
Antrieb	Allrad
Gewicht	1765 kg
V_{max}	250 km/h

BMW 640i Cabrio, Coupé – 650i Cabrio, Coupé

Die neue Auflage des Sechser-BMW kommt Anfang 2011 zunächst in den Karosserievarianten Cabriolet und zweitüriges Coupé. Technik und Ausstattungen sind aus der 5er-Reihe entlehnt. 2010 stellt BMW das Cabrio zuerst vor, etwas später folgt die geschlossene Variante. Wie beim noch später erscheinenden viertürigen Coupé namens „Gran Coupé", sind 640i, 650i und 640d auch als Allradmodelle zu haben.

Die Motorisierungen unterscheiden sich kaum von denen des Gran Coupé, nur dass der 650i anfangs nur 408 PS aus dem Biturbo-V8 generiert. 450 PS werden es erst ab Mitte 2012. Das Softtop der Cabrios benötigt 19 Sekunden bis zur vollständigen Öffnung, in 24 Sekunden ist es wieder zu. Wer es eilig hat, kann die Prozedur bis zu einem Tempo von 40 km/h befehligen.

Technische Daten	BMW xDrive640d Cabrio
Code	F12, F13
Bauart	Cabriolet, Coupé
Bauzeit	ab 2011
Motor	Biturbo-Sechszylinder-Diesel/Reihe
Hubraum	2993 cm^3
Leistung	313 PS bei 4400/min
Getriebe	Achtgang-Automatik
Antrieb	Allradantrieb
Gewicht	1860 kg
V_{max}	250 km/h

BMW 116i – 125i

Im Jahr 2011 bringt BMW die zweite Generation des Golf-Konkurrenten auf die Straße. Mit dem Code F20 ist der Fünftürer gemeint, F21 steht für den Dreitürer, welcher etwa ein Jahr später das Straßenbild bereichern wird. Noch eine wichtige Änderung in der Modellnomenklatur: Alle Einser sind ab sofort Schrägheckmodelle, denn die Coupés und Cabrios auf dieser Basis werden durch die 2er Reihe ersetzt.

Wie momentan üblich, erfahren die Motoren ein Downsizing – das heißt, sie verlieren im Vergleich zu den Vorgängermodellen an Hubraum, gewinnen aber einen Turbolader. Statt einer Sechsgang-Automatik arbeitet nun stets eine Achtgang-Automatik in der Einsteigerklasse von BMW. Erstmals sind Blinker in die Außenspiegel eingebaut. Der Kunde hat die Auswahlmöglichkeit aus vielen Vierzylinder-Motorvarianten: 116i mit 109 PS, 118i mit 136 PS, 120i mit 177 PS, 125i mit 218 PS, 116d mit 116 PS, 118d mit 150 PS, 120d mit 190 PS, 125d mit 224 PS und die M135i-Modelle mit Hinterrad- und Allradantrieb. 118d und 120d sind auch als Allradler zu haben. 2015 spendiert BMW den Modellen ein leichtes Facelift. Den günstigsten BMW gibt es heute mit dem 1er-Dreitürer ab 23.250 Euro.

Technische Daten	BMW 125i Fünftürer
Code	F20, F21
Bauart	Schrägheck-Limousine
Bauzeit	ab 2012
Motor	Vierzylinder/Reihe
Hubraum	1997 cm^3
Leistung	218 PS
Getriebe	Sechsgang-Handschalter
Antrieb	Hinterräder
Gewicht	1345 kg
V_{max}	245 km/h

BMW 640i Gran Coupé - 650i Gran Coupé

BMW geht den Weg, den zurzeit alle gehen: Die neue Generation des traditionellen Sechsers gibt es jetzt erstmals als viertüriges Coupé – das erscheint etwas später als die mit eigenen Codes versehenen neuen 6er Cabriolet und 6er Coupé. Der Einstieg in die große Coupé-Welt beginnt beim 79.500 Euro teuren 640i, der schon feinste Motorentechnik aufbietet: Dreiliter-Sechszylinder mit zwei Turboladern, 320 PS und 450 Nm. Die stärkere Version (650i) besitzt den V8, der auch in den M-Versionen installiert ist – beim 650i allerdings mit nur 450 PS statt mit bis zu 600 PS. Wer will, kann das 6er Gran Coupé auch als Diesel haben, dann kommt er als 640d mit Dreiliter-Biturbo-Reihensechszylinder und nur 313 PS, aber satten 630 Newtonmetern. Dieses Paket kostet dann 83.000 Euro. Es sei denn, man wählt die Allradvarianten, deren Top-Modell xDrive650i Gran Coupé 96.000 Euro kostet.

Technische Daten	BMW xDrive650i Gran Coupé
Code	F06
Bauart	Coupé (4-türig)
Bauzeit	ab 2012
Motor	V8
Hubraum	4395 cm^3
Leistung	450 PS bei 5500/min
Getriebe	Achtgang-Automatik
Antrieb	Allrad
Gewicht	1825 kg
V_{max}	250 km/h

X5
New Jersey
C53·DGH
Garden State

BMW X5 xDrive35i - X5 xDrive50i

Der neue X5 kommt 2013: Mit Benzin werden xDrive35i (306 PS), xDrive40e (313 PS) und xDrive50i (450 PS) gefüttert. Als „normale" Diesel ohne „M"-Zusatz buhlen ab 2013 der sDrive25d (218 PS) und xDrive25d (218 PS) um Kunden, 2015 bringt BMW den 25d (231 PS) mit Hinterrad- oder wahlweise Allradantrieb.

Das technisch interessanteste Auto ist der xDrive40e als Hybridfahrzeug, den man für 68.400 Euro bekommt. Den an sich schon kräftigen Zweiliter-Vierzylinder mit 245 PS unterstützt ein 113 PS starker Elektromotor, der mal eben 250 kW Drehmoment zur Verfügung stellt. Das hilft bei jeder Art von Beschleunigung. Eine lange reine E-Fahrt ist dagegen kaum möglich – mehr als 21 Kilometer lokal emissionsfreier Fahrt ist nicht drin. Wie immer beim Hybrid schrumpft der Kofferraum (hier um immerhin 150 Liter Volumen), weil die 9-kWh-Batterie ja irgendwo verstaut werden muss.

Technische Daten	BMW X5 xDrive50i
Code	F15
Bauart	SUV
Bauzeit	ab 2013
Motor	Bi-Turbo-V8
Hubraum	4395 cm^3
Leistung	450 PS
Getriebe	Achtgang-Automatik
Antrieb	Allrad
Gewicht	2250 kg
V_{max}	250 km/h

M LC 3543
M LC 3534
M LC 3511

M TF 3881

BMW 316i - 340i

Es ist mal wieder Zeit, die Dreier-Reihe zu renovieren – die sechste Generation erscheint unter dem Code F30 (Limousine) und F31 (Touring). Es gibt drei Basis-Konfektionen: „Luxury Line", „Sport Line" und „Modern Line" (Bild links oben). Zuerst kommen der 320i mit Zweiliter-Vierzylinder und 136 PS, der 328i (gleicher Motor, mit 245 PS) und der 335i mit sportlichen 306 PS, jeweils mit Hinterrad- oder Allradantrieb. Die Diesel beginnen beim 316d (116 PS) und führen über 318d (143 PS), 320d (190 PS), 320d EfficientDynamics Edition (163 PS) bis zum 330d (258 PS). BMW baut die Familie permanent um und aus, so kommt der 325d hinzu (218 PS), die anderen Diesel werden etwas stärker. Mit Erscheinen des Facelifts 2015 wird die Benzinlinie erweitert: Es entfällt die bisherige Basisversion 316i (136 PS) zugunsten des gleich starken, aber nur dreizylindrigen 318i; der 320i leistet jetzt zwar immer noch 184 PS, basiert aber auf dem Typ B48B20, und als Ersatz für den 335i kommt ganz neu dazu der 326 PS starke 340i mit drei Litern Hubraum.

Die Palette wird vor allem um den 330e erweitert: Dies ist der erste Mittelklasse-BMW mit Plug-In-Technik, was zwei Motoren (Benziner und E-Motor) bedeuten. Im 330e ist es ein immerhin 184 PS starker Verbrenner und ein 88 PS starker Elektro-Motor. Die Systemkraft von 252 PS und 420 Nm kommt ausschließlich den Hinterrädern zugute. Das reicht für den Sprint in 6,1 Sekunden, und ein Top-Tempo von 225 km/h. Rein elektrisch kann der 330e maximal 40 Kilometer fahren, bei einer für Ballungsgebiete ausreichenden Höchstgeschwindigkeit von 125 km/h. Weiterer Nachteil: Durch die Zusatztechnik schrumpft das Kofferraumvolumen von normalerweise 480 auf 370 Liter.

Technische Daten	**BMW 330e**
Code	F30
Bauart	Limousine
Bauzeit	ab 2016
Motor	Vierzylinder/Reihe, Elektromotor
Hubraum	1998 cm^3
Systemleistung	252 PS bei 5000/min
Getriebe	Achtgang-Automatik
Antrieb	Hinterräder
Gewicht	1735 kg
V_{max}	225 km/h

Technische Daten	BMW 440i Coupé, Cabrio
Code	F32, F33
Bauart	Coupé, Cabriolet
Bauzeit	ab 2016
Motor	Sechszylinder-Turbo/Reihe
Hubraum	2998 cm^3
Leistung	326 PS bei 5500/min
Getriebe	Sechsgang-Handschalter
Antrieb	Hinterräder
Gewicht	1615, 1845 kg
V_{max}	250 km/h

BMW 418d Coupé, Cabrio - 440 Coupé, Cabrio

Mit dem Vierer-BMW gliedern die Bayern die Coupé- (F32) und Cabrio-Versionen (F33) aus dem Dreier-Portfolio aus. Das Coupé wird 2012 enthüllt, 2013 in Detroit gezeigt und kommt im selben Jahr auf den Markt. Das Cabrio – nicht mit Softtop, sondern mit Metallklappdach ausgestattet – kann erst ab 2014 gekauft werden. Das einfachste Coupé ist ab 36.750 Euro zu haben, das Cabriolet kostet schon 43.900 Euro.

Zum Serienstart stattet BMW die Modelle mit dem Vierzylinder-Turbo mit 184 PS (420i) und 245 PS (428i) sowie als 435i mit 306 PS aus, ab 2016 kommen der 430i mit 252 PS und der 326 PS starke und fast 50.000 Euro teure 440i mit Reichensechszylinder und Turbolader hinzu. Auch dieselseitig sind die Bayern wie eh und je aktiv, allerdings erst ab 2014. Coupé und Cabrio sind zunächst als 420d (184 PS) und 430d (258 PS) zu haben, später gesellen sich 418d (143 PS, ab 2015 150 PS) und 425d (218 PS, ab 2016 224 PS) dazu.

BMW 320i Gran Turismo - 335i Gran Turismo

Das Traditionswerk Dingolfing baut etwas ganz Neues: den Dreier-BMW mit schrägem Heck. BMW nennt diese Version Dreier „Gran Turismo", kurz „GT". Aufgrund seiner Abmessungen soll der 3er GT die perfekte Mixtur aus Limousine und Kombi sein. Erstmals verpasst BMW einem ihrer Modelle einen ausfahrbaren Spoiler am Heck, der automatisch bei 110 km/h ausfährt und bei 70 km/h wieder verschwindet. Er soll den Auftrieb an der Hinterachse um 35 Prozent reduzieren.

Der Einstieg in die 3er-GT-Welt beginnt mit dem 320i und 328i (beide mit Zweiliter-Vierzylinder und 184 bzw. 245 PS), Top-Benziner ist der 335i GT mit Sechszylinder-Turbo-Aggregat und 306 PS. Alle Benziner sind auch mit Allradantrieb zu haben. Die GT-Dieselwelt beginnt mit dem 318d GT (142 PS, ab 2015 150 PS), und dem 320d (184 PS, später 190 PS), wobei nur letzterer auch als Allradler angeboten wird. Der 325d besitzt 218 PS, nur der 330d kommt mit Turbodiesel-Sechszylinder, was in 258 PS gipfelt. 318d und 325d sind reine Hinterradler, die beiden anderen Modelle sind auch mit Allradantrieb zu haben.

Ab Sommer 2016 wird ein Facelift mit einer überarbeiteten Motorenpalette bei den Händlern stehen. Als Spitzenmotorisierung ist ein 326 PS starker 3-Liter-Sechszylinder vorgesehen, der unter der Bezeichnung 340i den 335i ablösen soll.

Technische Daten	BMW 335i Gran Turismo
Code	F34
Bauart	Schrägheck-Limousine
Bauzeit	2013 bis 2016
Motor	Sechszylinder/Reihe
Hubraum	2979 cm^3
Leistung	306 PS bei 5800/min
Getriebe	Sechsgang-Handschalter
Antrieb	Hinterräder
Gewicht	1640 kg
V_{max}	250 km/h

BMW X6 xDrive35i - X6 xDrive50i

Rund 250.000 Stück vom der ersten Generation des SAV-Coupés X6 hat BMW absetzen können – kein Wunder, dass die Bayern eine zweite Auflage starten. Die kommt mit mehr Assistenzsystemen, mehr Luxus innen, mehr Kofferraumvolumen, mehr Variabilität und mit bis zu 22 Prozent weniger Verbrauch.

Das verbrauchsgünstigste Modell ist der BMW X6 xDrive30d mit Dreiliter-Sechszylinder-Turbodiesel und 258 PS. Der stärkere xDrive40d kommt dank zweiten Turboladers auf 313 PS. Das Top-Modell unter den Selbstzündern ist der X5 M50d, dessen 381 PS starker Diesel mit drei Turboladern, Stufenaufladung und variabler Turbinengeometrie ein mehr als respektables Drehmoment von 740 Nm ab 2000/min liefert. Auf der Benzinseite will BMW mit xDrive35i (306 PS) und xDrive50i (450 PS) trumpfen.

Allradantrieb ist obligatorisch – unter anderem deshalb, um den Kunden in jedem Auto den Spaß an den Kurven zu garantieren. Optional kann man sein Auto dann noch mit Wankstabilisierung, Luftfederung hinten und anderen elektronischen Helferlein bestellen. Zum selbstbewussten Auftreten des X6 kommt der mehr als selbstbewusste Preis: Der Basis-Diesel kostet 65.650 Euro, der kleinste Benziner 66.150 Euro. Mit V8 steht der 50i schon mit 82.500 Euro in der Preisliste.

Technische Daten	BMW xDrive30d
Code	F16
Bauart	SUV-Coupé
Bauzeit	ab 2014
Motor	Sechszylinder-Turbodiesel/Reihe
Hubraum	2993 cm^3
Leistung	258 PS bei 4000/min
Getriebe	Achtgang-Automatik
Antrieb	Hinterräder
Gewicht	2140 kg
V_{max}	230 km/h

Technische Daten	BMW 220i Coupé
Code	F22
Bauart	Coupé
Bauzeit	ab 2013
Motor	Vierzylinder-Turbo/Reihe
Hubraum	1997 cm^3
Leistung	184 PS bei 5000/min
Getriebe	Sechsgang-Schaltgetriebe
Antrieb	Hinterräder
Gewicht	1335 kg
V_{max}	235 km/h

BMW 218i Coupé - 240i Coupé

Das Coupé der Kompaktklasse wird seit 2013 produziert, seit März 2014 verkauft und ist eigentlich das, was früher das Einser-Coupé war. Nun aber mit eigener Modellbezeichnung und eigenständigem Karosseriedesign. BMW bietet das Auto – abgesehen von den M-Modellen – letztlich mit drei Benzinmotoren und drei der in Deutschland und Europa so beliebten Dieselmotoren an. Wie üblich beginnt BMW den Verkauf nicht mit der kleinsten Version, sondern mit dem 184 PS starken 220i. Es folgt der 228i (245 PS), schließlich kommt der 218i (136 PS). Die Palette gilt genauso für das Cabriolet – weswegen wir das Diesel-Angebot dort ausführlicher erläutern.

BMW 218d Cabrio - 225d Cabrio

Wie die Coupé-Version des 1er wird auch die offene Bauvariante ausgelagert und firmiert ab sofort unter 2er Cabriolet. Es kommt knapp ein Jahr später als das Coupé und wird ebenso wie die geschlossene Variante im BMW-Werk Leipzig produziert. Die Motorenpalette entspricht der des Coupés, weswegen hier nur die Dieselmodelle aufgelistet werden: Mit Selbstzündertriebwerk beginnt das Angebot 2013 mit dem 218d (143 PS, ab 2015: 150 PS), dem 220d (184 PS) und dem 225d (zunächst 218 PS, ab 2015: 224 PS). Ab 2014 gesellt sich der 220d hinzu mit 190 PS, den es als einziges Dieselmodell auch als Allradler gibt.

Technische Daten	BMW 218d Cabrio
Code	F23
Bauart	Cabriolet
Bauzeit	ab 2013
Motor	Vierzylinder-Turbo/Reihe
Hubraum	1995 cm^3
Leistung	143 PS bei 4000/min
Getriebe	Sechsgang-Schaltgetriebe
Antrieb	Hinterräder
Gewicht	1300 kg
V_{max}	213 km/h

BMW X4 xDrive20i - X4 xDrive35i

Der Erfolg des X6 als SAV-Coupé bringt die Bayern auf die Idee, das gleiche Experiment auch in der Mittelklasse zu probieren. So zeigen sie 2013 auf der Shanghai Auto Show (die Chinesen sind große SUV-Freunde) eine noch nicht ganz fertige Version des SAC (Sports Activity Coupé). In der Serie bekommt der Crossover 2014 den Namen X4.

Das Auto basiert auf dem X3, aber besonders das Coupé-Heck und die insgesamt niedrigere Karosserie unterscheiden den X4 vom X3. Aus den bekannten Motorenregalen stammen die Antriebe: Der X4 ist in drei Benzin- und drei Dieselvarianten zu haben, alle Modelle besitzen Allradantrieb.

Den Zweiliter Vierzylinder-Einstieg bilden xDrive20i (184 PS) und xDrive28i (245 PS), einen Dreiliter-Reihensechser mit 306 PS gibt es im xDrive35i. Um den 340 PS starken X4 M40i kümmert sich die M GmbH. Das Dieselportfolio im X4 beginnt bei 190 PS aus einem Zweiliter-Vierzylinder-Diesel, der xDrive30d ist schon mit Sechszylinder-Diesel bestückt und bietet 258 PS an. Top-Diesel ist der xDrive35d mit 313 PS, der auch mit 60.500 Euro das teuerste Grundmodell darstellt.

Technische Daten	BMW X4 xDrive35d
Code	F26
Bauart	SUV-Coupé
Bauzeit	ab 2014
Motor	Sechszylinder-Diesel/Reihe
Hubraum	2993 cm³
Leistung	313 PS bei 4400/min
Getriebe	Achtgang-Automatik
Antrieb	Allrad
Gewicht	1935 kg
V_{max}	247 km/h

BMW 2er Active Tourer

Mit dem 2er Active Tourer versucht BMW erneut, sich Anteile im Segment der Vans zu sichern. Bei der Formensprache entfernt man sich bewusst etwas vom üblichen sportlichen Erscheinungsbild der Marke, bleibt aber trotzdem modern und legt Wert auf optische Wiedererkennungsmerkmale. Antriebsseitig kommt der Active Tourer einer Zäsur gleich, denn die Ingenieure haben erstmals bei einem BMW den Antrieb über die Vorderräder vorgesehen. Beim Fahrwerk ist die Fachpresse voll des Lobes, den Technikern ist es gelungen, die generellen Untersteuerungstendenzen eines Frontantriebsystems auszumerzen.

Der Kompaktvan wird ausschließlich mit Drei- und Vierzylindermotoren angeboten: Im 218i Active Tourer steckt ein 1,5 Liter kleiner Dreizylinder mit Mono-Scroll-Turbolader, der aber immerhin 136 PS auf die Kurbelwelle bringt. Mit Serienstart gibt es auch den 225i mit Vierzylinder-Turbo und 231 PS. Ein paar Monate später schiebt BMW den 220i mit Vierzylinder und 192 PS nach, ebenso den 225i als Allradler.

Die Dieselfraktion wird zunächst bedient mit dem 216d (1,5-Liter-Dreizylinder-Diesel) und dem 218d (Vierzylinder-Diesel mit 150 PS), später kommen 214d (Dreizylinder, 95 PS) sowie 220d mit 190 PS, mit und ohne Allradantrieb auf den Markt. 2015 bringt BMW eine weitere Variante, den 225xe Active Tourer (Bild unten). Ein Plug-In-Hybrid: Vorne sitzt ein 136 PS starker Dreizylinder-Turbo, an der Hinterachse arbeitet ein 88 PS starker Elektromotor. Womit diese Variante der einzige Active Tourer ist, der auch mit reinem Hinterradantrieb fahren kann, nämlich dann, wenn nur der E-Motor arbeitet. Die elektrische Reichweite soll 41 Kilometer betragen, 125 km/h sind rein elektrisch möglich.

Technische Daten	**BMW 225xe Active Tourer**
Code	F45
Bauart	Van
Bauzeit	ab 2015
Motor	Dreizylinder/Reihe, Elektromotor
Hubraum	1499 cm^3
Systemleistung	224 PS bei 4400/min
Getriebe	Achtgang-Automatik
Antrieb	Vorderräder, Allrad, Hinterräder
Gewicht	1735 kg
V_{max}	202 km/h

BMW 216i Gran Tourer - 220i Gran Tourer

Klar, für manche Kunden ist so ein Active Tourer von BMW zwar das richtige Auto, aber für andere Käufer darf es ruhig etwas mehr sein. Da kann BMW helfen – indem die Bayern einen gewachsenen Van unter anderem Namen, aber mit gleicher Basis bringen. Der neue 2er Gran Tourer bietet 1905 Liter Kofferraumvolumen an, was sogar mehr ist als im Fünfer-Touring und die Möglichkeit einer dritten Sitzreihe einräumt. Den Kunden ist die Namensgebung egal – sie schätzen die vielen durchdachten Ablagen, die tiefe Ladekante und die per Gestensteuerung bewegbare Heckklappe.

216i und 218i kommen mit 1,5-Liter-Dreizylinder (100 PS und 136 PS), der 220i darf mit einem Zweiliter-Vierzylinder und 192 PS arbeiten. Die Dieselauswahl ist größer: 214d (95 PS) und 216d (116 PS) sind Dreizylinder, 218d und 220d erhalten den Zweiliter-Vierzylinder-Diesel mit 150 und 190 PS. Wirklich BMW-typisch sind bei 2er Gran Tourer letztlich nur noch die Preise: Sie beginnen beim 216i Grand Tourer mit gut 27.000 Euro ohne Extras, das allradgetriebene Top-Modell 220d Gran Tourer xDrive Sport-Automatik kostet schon 40.700 Euro.

Technische Daten	BMW 218d Gran Tourer
Code	F46
Bauart	Van
Bauzeit	ab 2015
Motor	Vierzylinder-Turbo/Reihe
Hubraum	1995 cm³
Leistung	150 PS bei 4000/min
Getriebe	Sechsgang-Handschalter
Antrieb	Vorderräder
Gewicht	1595 kg
V_{max}	205 km/h

Technische Daten	BMW 750d xDrive
Code	G11
Bauart	Limousine
Bauzeit	ab 2016
Motor	Sechszylinder-Quadturbo-Diesel/Reihe
Hubraum	2993 cm^3
Leistung	400 PS bei 5500/min
Getriebe	Achtgang-Automatik
Antrieb	Allrad
Gewicht	2015 kg
V_{max}	250 km/h

BMW 730i - 750i

Die sechste Generation des Siebener-BMW zeigt BMW zu Hause – auf der IAA in Frankfurt. Das Flaggschiff kommt jetzt in normaler und in Langversion mit Voll-LED-Scheinwerfern, die Karosserieform ist wieder etwas filigraner. Dafür ist unter anderem BMW-Designer Nader Faghihzadeh verantwortlich, der auch schon die jüngste Sechserreihe auf die Räder gestellt hat.

Dem Trend der Zeit folgend gibt es den Siebener als Benziner, als Diesel und als Plug-In-Hybrid. Der kleinste Benziner ist der 730i (258 PS dank Zweiliter-Vierzylinder-Turbo), gefolgt vom 740i (Dreiliter-Reihensechszylinder mit Turbolader, 326 PS) bis zum 750i mit Biturbo-V8 und 450 PS. Die M GmbH sorgt noch für die allradgetriebene Top-Version mit Biturbo-V12, alle anderen Benzin-Siebener besitzen serienmäßig Hinterradantrieb. Einen Diesel kann man als 730d bestellen (Sechszylinder-Turbodiesel mit 265 PS) und als serienmäßig allradgetriebenen 740d mit 320 PS.

Der im Jahr 2016 erscheinende 750d verfügt über den weltweit stärksten Sechszylinder-Dieselmotor der Welt: Dank vier Turboladern bringt er 400 PS und 760 Nm Drehmoment. Der Hybrid-740e ist dagegen mit einem Zweiliter-Vierzylinder-Turbo mit 258 PS ausgerüstet sowie mit einem 95 PS starken Elektro-Motor. Die Systemleistung beträgt 326 PS, was für den Sprint in 5,6 Sekunden und ein Top-Tempo von knapp 240 km/h reichen soll.

BMW 420i Gran Coupè - 440i Gran Coupé

Die Fachwelt rätselt und die Fans wundern sich – was ist ein „Vierer Gran Coupé"? Technisch eindeutig ein 3er. Und optisch gelungen – entweder eine sehr dynamische Limousine oder ein viertüriges Coupé. BMW hat wieder eine Nische gefunden.

Wer das Gran Coupé der normalen Dreier-Limousine vorzieht, muss dann aber auch 2000 Euro mehr berappen. Mit Benzinmotor gibt es das Vierer Gran Coupé als 420i (Zweiliter-Vierzylinder mit 184 PS), 430i (gleicher Motor, 252 PS) und 440i (Dreiliter-Sechszylinder mit 326 PS), als Selbstzünder ist er zu haben als 418d (Zweiliter-Vierzylinder-Diesel mit 150 PS), 420d (gleicher Motor mit 190 PS), 425d (gleicher Motor mit 224 PS), 430d (Dreiliter-Sechszylinder-Diesel mit 258 PS) und 435d (gleicher Motor mit 313 PS und Allradantrieb). Nicht alle Modelle sind jedoch mit vier angetriebenen Rädern zu bekommen.

Technische Daten	BMW 440i Gran Coupé
Code	F36
Bauart	fünftüriges Coupé
Bauzeit	ab 2014
Motor	Sechszylinder-Turbo/Reihe
Hubraum	2998 cm^3
Leistung	326 PS bei 5500/min
Getriebe	Achtgang-Automatik
Antrieb	Hinterräder
Gewicht	1615 kg
V_{max}	250 km/h

BMW und die Designer V

Adrian van Hooydonk (Jahrgang 1964) stößt 1992 zu BMW. Dort zeichnet er das Außendesign für die Studien Mini ACV30 und BMW Z9. Von 2001 bis 2004 arbeitet der Holländer bei BMW Designworks in Kalifornien. Danach kehrt er nach München zurück und wird Chefdesigner für die Marke BMW unter Chris Bangle. Fünf Jahre später löst Adrian van Hooydonk den Engländer als Chefdesigner für die gesamte Markengruppe ab. Ihm werden der 5er von 2010 zugeschrieben, aber ebenso der X3 (2010), der 6er (2011), der Vision Connected-Drive, der 328 Hommage, der 1er (2011), der M5 (2011), der 3er (2012), der 6er GT, der M6 (2012), der X4 (2013), der 4er, der X5 (2013), der 2er (2014), der M3 (2014), der M4 (2014), der 2er Active Tourer (2014) und der X6 (2014).

Karim Habib (Jahrgang 1970) macht mit der Studie BMW CS Concept auf sich aufmerksam. Der Libanese – in jungen Jahren stets auf der Flucht vor Krieg – studiert im Art Center in der Schweiz und schließlich in Kalifornien. 1998 fängt er bei BMW an und bekommt schnell mehr Verantwortung, trotzdem geht er 2009 für ein Jahr zu Daimler-Benz. Im Mai 2011 kehrt er zu BMW zurück, um die Leitung des Karosseriedesigns zu übernehmen. Im Mai 2012 wird er zum Chefdesigner für die Marke BMW befördert. Seine Werke bislang: CS, Zagato Coupé, Vision Future Luxury, 3.0 CSL Hommage, 7er (2015) und X1 (2015).

Benoit Jacob (Jahrgang 1970) beginnt als einfacher Designer 1991 bei Renault. Im Jahr 2000 verlässt er seine Wirkungsstätte und wechselt zu Audi. Vier Jahre später fängt er bei BMW an. Er zeichnet den M1 Hommage und wird im August 2010 zum Chefdesigner bei der BMW i GmbH ernannt. So ist er für das Design von Vision EfficientDynamics, i3 Concept, i8 Concept, i8 Spyder, i3 und i8 verantwortlich.

Die BMW i GmbH

Seit dem Jahr 2007 lebt in Deutschland mehr als die Hälfte der Menschheit in Städten, es gibt 30 Megacities mit mindestens acht Millionen Einwohnern – für BMW ist die Elektrifizierung ihrer Autos eine besondere Herausforderung. So gründen sie 2007 das dreiphasige „i project“: Zunächst wird der Mini E getestet, 2012 der ActiveE (elektrifiziertes Einser-Coupé), woraus die i-Fahrzeuge entwickelt werden. 2010 wird das Vorhaben manifestiert mit der Gründung der Submarke i GmbH. Sie soll sowohl Mobilitätsdienstleistungen als auch völlig neue Autos entwickeln.

Das erste Projekt ist das Megacity Vehicle (MCV), ein Elektroauto aus Carbon. BMW nennt die Fahrzeugarchitektur „LifeDrive-Konzept“: kleiner Elektromotor, große Batterie statt großer Verbennungsmotor und kleiner Tank. Daraus resultiert der i3. Als Top-Modell kündigt BMW schon früh einen Sportwagen als Serienauto des Konzepts „BMW Vision EfficientDynamics“ an: den BMW i8. Beide Fahrzeugkonzepte stellt BMW 2011 vor. Für die Zukunft geplant sind der i1 (Kleinwagen), der i5 (Elektro-Van) sowie der i9 (Supersportler).

Heute fallen in den Geschäftsbereich der i GmbH auch die Mobilitäts-Dienste DriveNow (Carsharing), ParkNow (app- und webbasierter Parkservice) und BMW i Ventures (Finanzunterstützer für aussichtsreiche Mobilitäts-Start-Ups – zum Beispiel Life360, MyCityWay, PartAtMyHouse.com, ChargePoint, Chargemaster, InstantCab).

BMW i3

2013 ist das erste reine Serienelektroauto von BMW zu haben – das kleine, aber aufgrund der Unterbringung der Batterien hohe Auto besitzt serienmäßig einzig einen Elektromotor. Ein Verbrenner als Reichweitenverlängerer (Range Extender) muss optional bestellt werden, wenn man das wünscht.

Der etwa 50 kg schwere E-Motor ist ein Hybrid-Synchronmotor und leistet 170 PS sowie ein maximales Drehmoment von 250 Newtonmetern. Die Kraft wird auf die Hinterräder geleitet. Mit dem Range Extender – einem wassergekühlten Zweizylinder-Reihenmotor mit 647 ccm und 38 PS Leistung – wird der i3 zum Plug-In-Hybrid. Der Zusatzmotor labt sich aus einem Neun-Liter-Tank und verlängert die Reichweite um maximal 150 Kilometer, was insgesamt etwa 200 Kilometer ausmacht.

Wirklich sportlich ist der BMW nicht, aber dafür ist er auch nicht gebaut: Der Sprint soll in 7,2 Sekunden gelingen, das Top-Tempo ist auf 150 km/h elektronisch begrenzt. Das Fahrgestell besteht aus Aluminium, die Fahrgastzelle aus Kohlefaser verstärktem Kunststoff. Diese Kombination soll Gewicht sparen, denn die Acht-Modul-Batterie und die Antriebstechnik sind recht schwer – so wiegt das gesamte 34.950 Euro teure Auto trotz Leichtbau in seiner leichtesten Version 1270 kg. BMW garantiert für die Akkus acht Jahre oder 100.000 Kilometer.

Technische Daten	**BMW i3 60 Ah**
Code	I01
Bauart	Kombilimousine
Bauzeit	ab 2013
Motor	Elektro-Motor
Hubraum	entfällt
Leistung:	170 PS
Getriebe	stufenlos
Antrieb	Hinterräder
Gewicht	1270 kg
V_{max}	150 km/h

BMW i8

2014 kommt BMW mit einer Überraschung: dem Plug-In-Hybridsportwagen i8. Bereits 2008 hat BMW begonnen, die i-Linie aufzubauen, und ein Jahr später zeigten sie die Studie „BMW Vision EfficientDynamics". Darauf basiert das Concept Car BMW Concept i8, aus dem letztlich der serienreife i8 wird.

Beim i8 befindet sich der 131 PS starke Elektro-Motor an der Vorderachse, während der 231 PS starke 1,5-Liter-Dreizylinder-Turbo an der Hinterachse arbeitet. Der Sprint soll in 4,4 Sekunden gelingen – trotzdem ist die Kundschaft leicht enttäuscht. Denn das Design mit den beeindruckenden Schmetterlingstüren suggeriert einen wahrhaftigen Supersportwagen, in dem ein Dreizylindermotor – und sei er noch so effizient und mit 320 Nm durchaus stark – nicht zum sportlichen Image beitragen kann, zumal das Auto auf für Sportwagen schmalen Reifen fährt. Tatsächlich steht das Auto für die Abkehr von den bislang üblichen Sportwagen. Und die Technik funktioniert: Bei Drücken de eDrive-Knopfes wird nur elektrische Kraft abgerufen, bis die Batterie leer ist. Ohne den Knopf gesellt sich ab 60 km/h der Dreizylinder hinzu. Die Technik hat ihren Preis: 126.000 Euro muss sich der Elektro-Sportwagenfan erstmal leisten können.

Technische Daten	**BMW i8**
Code	I12
Bauart	Coupé
Bauzeit	ab 2013
Motor	Dreizylinder-Turbo/Reihe, Elektromotor
Hubraum	1499 cm^3
Systemleistung	362 PS bei 5800/min
Getriebe	Sechsgang-Steptronic
Antrieb	Vorderräder, Allrad, Hinterräder
Gewicht	1485 kg
V_{max}	250 km/h

BMW – Studien und Concept-Cars II

BMW X Coupé

2001 überrascht BMW mit einer Studie die Besucher auf der North American International Auto Show (NAIAS) in Detroit. BMW-Chefdesigner Chris Bangle hat auf Basis des BMW X5 ein großes Allrad-Coupé geschaffen, die Journalisten beschreiben es zunächst als „visionären Flop" – vielleicht auch wegen des ungewohnt asymmetrischen Hecks. Heute wissen wir: Chefdesigner Chris Bangle war – mal wieder – seiner Zeit voraus, denn mit Autos wie dem BMW X6 (seit 2008) sind solche Crossover jetzt tatsächlich auf dem Markt. Außerdem nimmt Bangle das Design der BMW-Studie Concept Study CS1 von 2002 vorweg, woraus später die Einser-Reihe entsteht.

BMW CS1 Concept

Mit dem CS1 Concept zeigt BMW im Jahr 2002, wie sich die Bayern einen kleinen offenen BMW vorstellen können. Optisch nimmt das Auto die Linien des X Coupé wieder auf, erinnert aber auch an den BMW 2002. Innen experimentiert BMW mit neuen Materialien wie zum Beispiel mattem Aluminium. Es gibt nur wenige Knöpfe und Schalter, der Fahrer soll sich nur aufs Fahren konzentrieren. Über den wenigen Rundinstrumenten schweben „Dächer", und die dreifache Farbgebung lockert das sowieso schon puristische Interieur noch weiter auf.

BMW H2R

Der H2R (Hydrogen Record Car), ein Konzept-Auto für Wasserstoffantrieb, erringt 2004 tatsächlich neun Weltrekorde auf der BMW-Teststrecke in Miramas, darunter einen Kilometer mit fliegendem Start in 11,993 Sekunden, einen Kilometer mit stehendem Start in 26,557 Sekunden und zehn Kilometer mit stehendem Start in 146,406 Sekunden. Der Wasserstoff wird vom bekannten Sechsliter-V12 verbrannt, der auch im 760i steckt. Dank 285 PS, einer Karosserie aus kohlefaserverstärktem Kunststoff und einem Alu-Chassis rennt die 1560 kg schwere Wasserstoff-Studie 302,4 km/h Spitze.

BMW Mille Miglia

BMW weiß es selber: Der 328 war einst ein ganz großer Wurf. Eigens für die Mille Miglia 2006 stellt BMW eine Designstudie auf die Räder (Basis Z4 M roadster), die auch tatsächlich mitfährt. Es handelt sich um die moderne Hommage an das 328 Mille Miglia Touring Coupé, das 1940 mit Huschke von Hanstein und Walter Bäumer einen gloriosen Sieg errang. Tatsächlich soll der neue „Mille Miglia" weder Vorbild für kommende Straßen- oder Rennwagen sein, sondern allein die Leistungen der damaligen Ingenieure ehren. Die Karosserie besteht aus Kohlefaser, die Frontscheibe ist klassisch geteilt. Die Scheinwerfer bestehen aus hunderten von LEDs. Zum Einsteigen muss man das Dach hochklappen und über die Brüstung klettern.

BMW Concept CS

2007 zeigt BMW mit der Studie Concept CS in Shanghai, dass man im Segment der luxuriösen viertürigen Coupés ein Wörtchen mitreden will. Zunächst beeindruckt die Größe: 5,1 Meter Länge sind ein echtes Statement, ebenso wie ein Radstand von 3,14 Metern – besonders im Land der aufstrebenden Wirtschaft. Ansonsten hat sie alles, was ein BMW braucht: Doppelniere, Hofmeisterknick und ein luxuriöses Interieur mit Lack, Leder und Knöpfen aus Keramik. Über die mögliche Technik hält sich BMW bedeckt. Alles zwischen sechs und zehn Zylindern sollen möglich sein.

BMW GINA Light

2008 hat BMW wieder etwas Überraschendes im Gepäck: Der BMW GINA Light auf großen 20-Zöllern zeigt die mögliche Zukunft von zweisitzigen Roadstern aus Bayern. GINA ist natürlich nur ein Kürzel und steht für „Geometrie und Funktionen in n-facher Ausprägung". Die Front ist weit nach unten gezogen, das Heck ist stummelig, die Karosseriekanten hart. Allerdings handelt es sich nicht um eine normale Karosserie: Der Alu-Spaceframe ist mit matt schimmerndem Metallic-Stoff bezogen. Das tragende Metallskelett kann hydraulisch und elektrisch bewegt werden. Das ermöglicht, dass Blinker, Scheinwerfer, Heckleuchten und Spoiler in Ruhezustand gar nicht zu sehen sind. Werden sie eingeschaltet, gibt der „Stoff" den Blick frei.

BMW M1 Hommage

BMW nutzt gerne das Concorso d'Eleganza am Comer See für Überraschungen – wie auch 2008. Dort präsentiert Chefdesigner Adrian van Hooydonk den M1 Hommage, eine optische Verbeugung vor dem ersten M1 von 1972 und eine Idee für einen Supersportwagen der Zukunft. Unter schwarzen Lamellen vermutet der geneigte Betrachter ein üppiges Kraftpaket an Motor – dort soll er auch hin, wenn es soweit ist. Die Studie rollt jedoch völlig ohne Motor vor, was den Gedanken einer Designstudie unterstreicht. Das spektakuläre Erscheinungsbild optimiert dazu ein knalliges Orange, mit dem die Designer ihr jüngstes Kind überziehen.

BMW Vision EfficientDynamics

Mit dem Vision EfficientDynamics versucht BMW 2009 nichts weniger als die Erschaffung der automobilen eierlegenden Wollmilchsau. Das Concept Car soll zeigen, dass es möglich ist, die Fahrleistung von M-Autos mit den Verbräuchen von Kleinwagen zu kombinieren. Das soll geschehen durch Voll-Hybrid-Technologie mit Plug-In-Technik, also dem Aufladen einer Elektroeinheit über eine Steckdose. Das Konzeptfahrzeug soll in 4,8 Sekunden auf 100 km/h sprinten, locker 250 km/h Spitze schaffen und einen Durchschnittsverbrauch im EU-Testzyklus von 3,76 Litern vorweisen. Unter der Karosserie steckt ein wirtschaftlicher 1,5-Liter-Dreizylinder-Turbodiesel (163 PS) und je ein Elektromotor an Vorder- und Hinterachse. Insgesamt beträgt die Leistung 356 PS und 800 Nm Dremoment. Aus der Studie wird später der BMW i8 abgeleitet.

BMW 328 Hommage

Wie schon der BMW Mille Miglia von 2006 verbeugt sich der BMW 328 Hommage vor seinem sportlichen Ahnen – diesmal allerdings zum 75. Geburtstag des Originals im Jahr 2011. Die ersten Meter rollt das Auto mal wieder beim Concorso d'Eleganza in der Villa d'Este am Comer See. Die Proportionen scheinen zu stimmen – aber anstatt zweier winziger Türen besitzt die Neuinterpretation nur zwei tiefe Ausschnitte. Ein breiter Schweller markiert die früheren Trittbretter, über die Haube verlaufen wie damals Lederbänder – diesmal allerdings nur als Design-Gag und nicht, um die Motorhaube wie früher an Ort und Stelle zu fixieren. Das Heck wird von zwei Höckern dominiert. Dass es trotzdem ein Auto der Moderne ist, signalisieren die beiden bordeigenen iPhones, ein elektronisches Roadbook und ein Navigationssystem. Trotz des Einsatzes von viel leichtem Carbon wiegt die Studie etwa 1300 kg.

BMW i8 Concours d'Elegance Edition

Um Amerikaner zu begeistern, muss man sich schon etwas Besonderes einfallen lassen. Also baut BMW zur Einführung des i8 in Amerika 2014 einfach ein Sondermodell und versteigert es. Der Clou: Das Sondermodell gibt es nur ein einziges Mal. Rund 620.000 Euro bringt der BMW i8 Concours d'Elegance Edition. Das Besondere: Farbton „Frozen Grey Metallic", innen eine speziell gebleichte Lederausstattung, Nähte in exklusivem blauen Farbton, in die Türen gelaserte Schriftzüge. Wer das Auto kauft, ist nicht bekannt. Anscheinend möchte der neue Besitzer den Anblick nur ganz alleine genießen.

BMW Vision ConnectedDrive

2011 präsentiert BMW auf der für Europa wichtigsten jährlichen Automesse, dem Genfer Salon, eine Studie namens BMW Vision ConncetedDrive. Ziel ist, zu zeigen, wie Fahrzeug, Fahrer und Umgebung sinnvoll miteinander vernetzt werden können. Das soll passieren über künftige intelligente Sicherheits-, Infotainment- und Komfortfunktionen. Das Auto drumherum ist nur der Träger dieser Visionen – BMW nennt sie „Skulptur, die den innovativen Technologien und zukunftsweisenden Ideen Gestalt verleiht". Einige Beispiele: Kaum eingestiegen, verbindet sich das Auto mit dem Smartphone des Fahrers. Das Kombiinstrument ist frei programmierbar. Steht ein Termin an, sucht das Auto sofort die geeignetste Route und schlägt Parkplätze vor. Als Beifahrer kann man den „Emotional Browser" öffnen, der einem „Points of Interest" liefert. Und wenn man zum Beispiel ein Café passiert, zeigt das Auto die Playlist der Lokalität. Das Sicherheitsfeature informiert zudem über ausgefallene Ampeln, Sensoren können um die Ecke schauen. Schöne neue Welt …

M ZA 387

BMW Z4 Zagato

In sechs Wochen in Handarbeit ein Auto aufzubauen, ist eine echte Leistung – das geht auch nur, wenn eine traditionsreiche Karosseriebaufirma involviert ist. Wie beim BMW Z4 Zagato im Jahr 2012. Zuerst zeigt das Duo BMW/Zagato das Z4 Zagato Coupé an der Villa d'Este, drei Monate später folgt ein Roadster auf gleicher Basis. Da das „Bubble-Dach" das Markenzeichen der Italiener ist, besitzt die Verdeckabdeckung diese beiden markanten Höcker, auf italienisch „Doppia Gobba" genannt. Wie beim Coupé besteht das Grillgitter aus vielen kleinen, matt schimmernden Zagato-Z. An eine Serienversion wird nicht gedacht, auch wenn unter der Haube ein 400-PS-Turbobenziner steckt, der für rund 300 km/h gut ist.

3.0 CSL Hommage R

Anlässlich des 40-jährigen Jubiläums von BMW in Nordamerika präsentiert der bayerische Premiumhersteller im August 2015 ein weiteres Hommage-Modell. Im Rahmen des Concours d'Elegance im kalifornischen Pebble Beach feiert BMW die Weltpremiere des 3.0 CSL Hommage R zu Ehren des BMW 3.0 CSL aus dem Jahr 1975. Der weiße Riese im markanten BMW Motorsport-Design erringt damals in der IMSA-Serie große Erfolge, auch im gerade mal 15 Meilen vom Präsentationsort der neuen Studie entfernten Laguna Seca.

„Motorsport ist pure Faszination Automobil, die reine Freude am Fahren – und damit buchstäblich das Herz der Marke BMW. Um Rennen gewinnen zu können, war damals wie heute die Einheit von Mensch und Maschine entscheidend. Wie viel mehr Fahrer und Fahrzeug in Zukunft eins werden können, wollen wir mit dem BMW 3.0 CSL Hommage R zeigen.", erklärt Adrian van Hooydonk

Mit dem Ziel der möglichst perfekten Einheit von Fahrer und Fahrzeug ist der Mensch konsequenter Ausgangspunkt der Fahrerorientierung – also alles was den Fahrer im nahezu ausschließlich aus Carbon gefertigten Innenraum umgibt wie Helm, Anzug und Sitz bis hin zur geometrischen Form des Interieurs soll seine Wahrnehmung anreichern.

Das Design des 3.0 CSL Hommage R interpretiert alle klassischen BMW-Merkmale mit einer modernen und emotionalen Designsprache und lässt so die große Ingenieursleistung von damals nach vier Jahrzehnten in neuem Glanz erstrahlen.

BMW 2002 Hommage

Natürlich wieder am Comer See präsentiert BMW seinen bislang jüngsten Concept-Wurf aus dem Jahr 2016, den BMW 2002 Hommage. Es huldigt dem BMW 2002 turbo, natürlich mit kleinem „t" geschrieben. Ein riesiger Frontspoiler macht klar, worum es geht, der schwarze Heckbürzel unterstreicht den sportlichen Anspruch. Goldene Scheinwerfer-Reflektoren wecken Assoziationen an die 24-Stunden-Boliden. Das Auto steht auf Bicolor-Vielspeichen-Rädern mit Reifen der Größen 245/30 ZR 20 (vorne) und 295/30 ZR20 hinten. Gepaart mit dem grollenden Sound aus vier Endrohren lässt der 2002 Hommage keinen Zweifel zu, dass er hier als Platzhirsch erscheint. Die Branche munkelt, der 2002 Hommage ist ein Hinweis auf einen gestärkten M2, der eventuell als gut 400 PS starker CS oder GTS kommt. Aber darüber weiß man wohl nur auf der Führungsetage im Münchner Vierzylinder mehr …

THE NEXT
100 YEARS

BMW Vision Next 100

BMW beschenkt sich selbst zum 100. Geburtstag im Jahr 2016 mit dem BMW Vision Next 100. Nähert man sich dem Auto, schwenken die vorne angeschlagenen Türen hoch. Die Studie fährt komplett autonom. Im so genannten „Companion" sind sensorische und digitale Intelligenz, eine ständige Dienstbereitschaft und die Vernetzung gebündelt. Das Head-Up-Display zeigt für Sportfahrer Ideallinie, Brems-, Lenk- und Beschleunigungspunkte an sowie das optimale Tempo. Es wird erweitert um 800 bewegliche Dreiecke, die in Instrumententafel und Seitenpaneele eingelassen sind. Durch gerichtete Bewegung geben sie dem Piloten Signale, die intuitiv wahrgenommen werden sollen. Die Windschutzscheibe zeigt den Straßenverlauf auch bei Nebel, bei Gefahr nach einer Kurve wird eine Warnung eingeblendet. Beim autonomen, vernetzten Fahren verschwindet das Lenkrad in der Mittelkonsole, der Innenraum wird zum Wohnzimmer. Nette Anekdote: Chefdesigner Hooydonk nennt das Steuer „Lenkmöbel". Bedient wird es durch Gestensteuerung. Die Sitze der Passagiere drehen sich schräg zueinander.

Das sei die Autoidee für ein Fahrzeug in 20 oder 30 Jahren, sagt BMW-Chef Harald Krüger. Es ist 4,9 Meter lang und 1,37 Meter hoch, außen zeigt Lichtfarbe, ob der Fahrer lenkt (Boost-Modus) oder der Computer (Ease-Modus). Die Technik-Sensation: Die Räder sind abgedeckt von der flexiblen Karosserie, was einen sensationellen C_W-Wert von 0,18 ermöglicht. BMW nennt das „Alive Geometry" – was unter der Haut steckt, verrät BMW freilich nicht. Auf jeden Fall soll die Zukunftsstudie eines aufzeigen: Eine neue Dimension der Freude am Fahren.

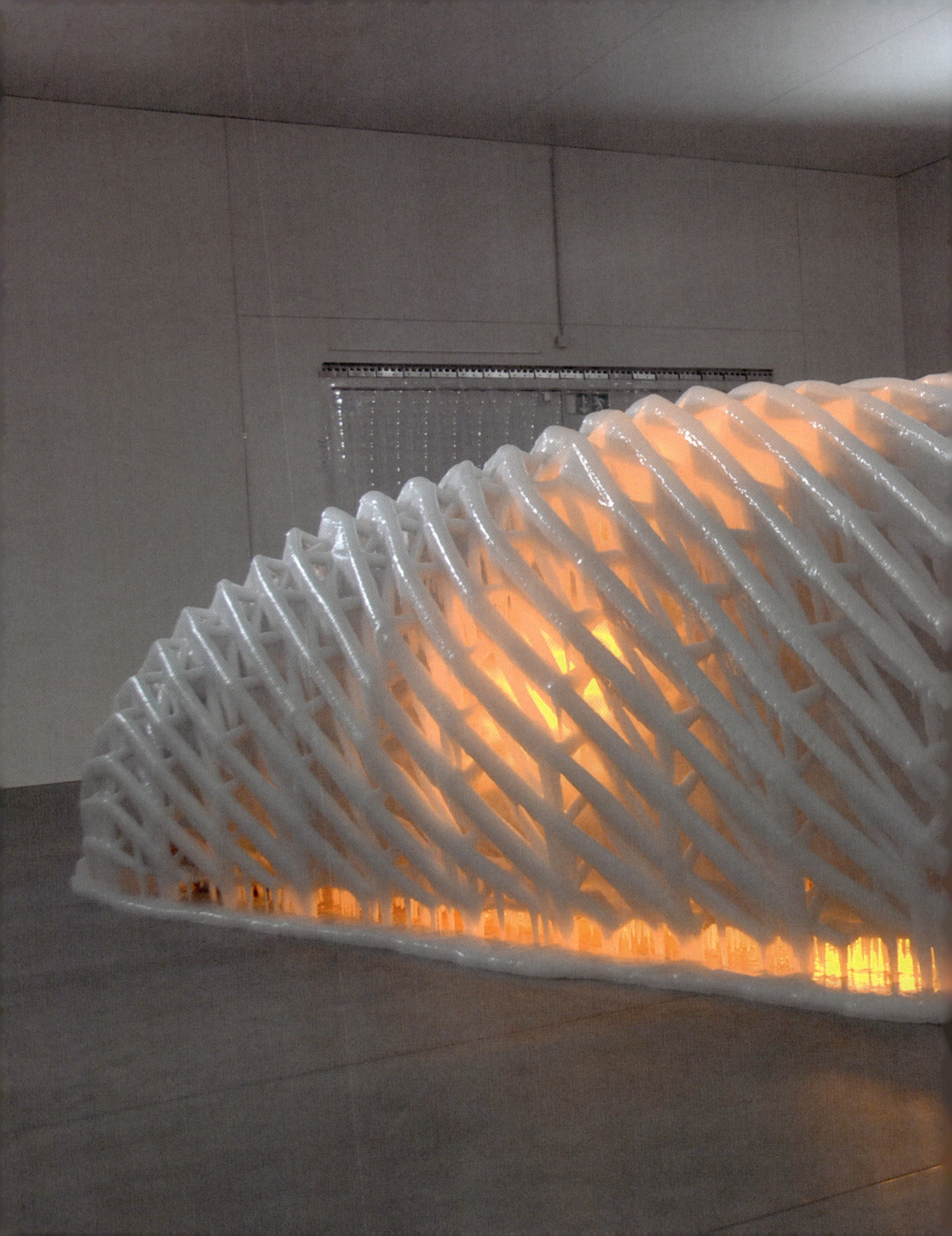

Kapitel 8

Art Cars – Die Entstehung der Beziehung Kunst und Automobile

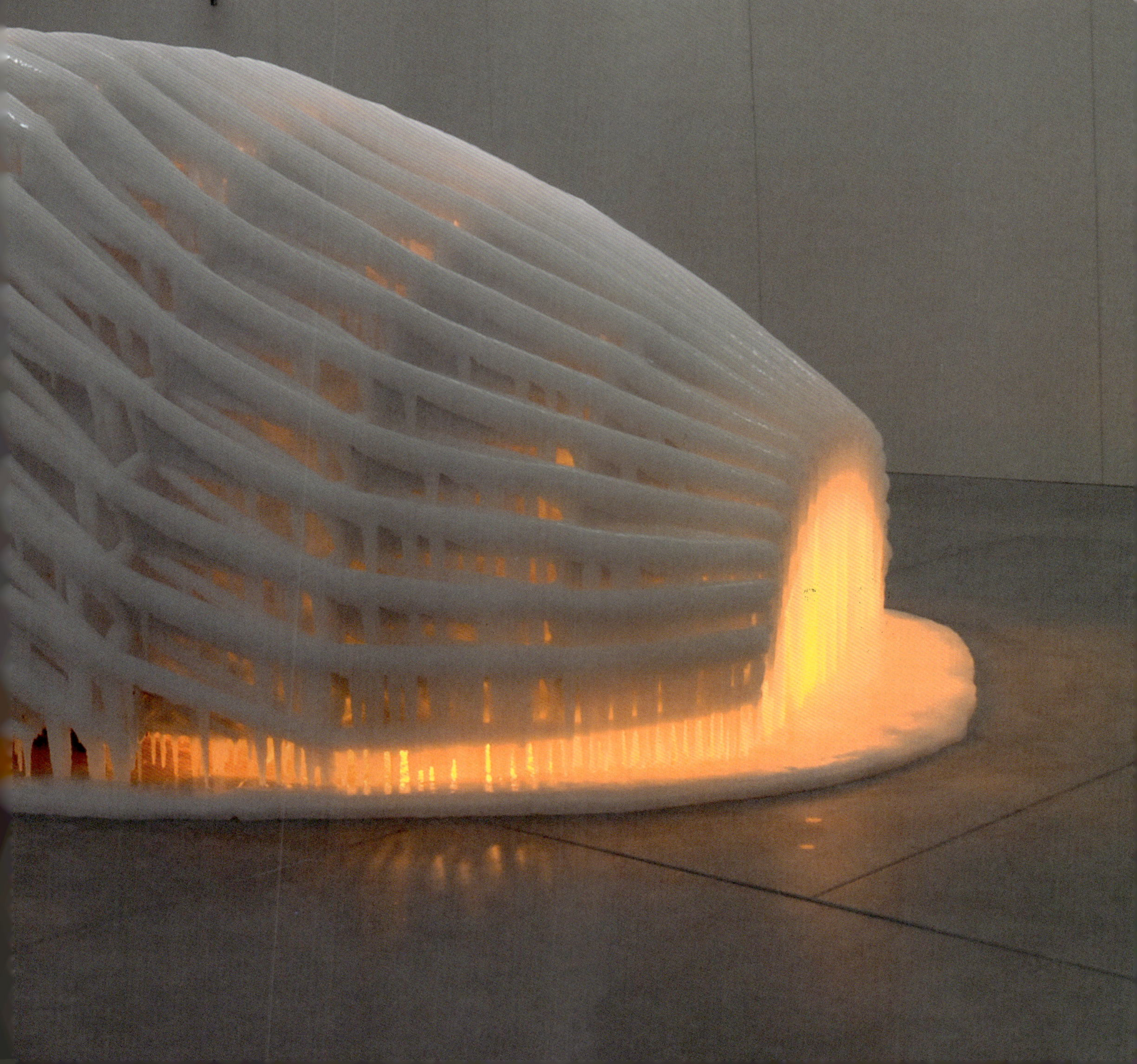

Mehr als nur Ideen und Farben

Wie kommt ein Autohersteller auf die Idee, eines seiner Produkte von einem Künstler anmalen zu lassen, um eine Brücke zwischen Kunst und Motorsport zu schaffen? Gar nicht. Die Ursprungsidee für die „BMW Art Cars", die anfangs noch gar nicht als fortlaufende Reihe gedacht war, stammt von dem französischen Auktionator und Rennfahrer Hervè Poulain. Allerdings gibt sich BMW offen, als Poulain 1975 an die bayerischen Pforten klopft, weil er einen kunstsinnigen Technikpartner sucht. BMW spendet als „Leinwand" einen 3.0 CSL Turbo mit 780 PS, den Poulains Freund Alexander Calder umgestaltet. Nicht ganz uneigennützig vom Autobauer: BMW-Sportdirektor Jochen Neerpasch erhofft sich nebenbei, dadurch die Marke besonders in den USA bekannter zu machen.

Nach großem Erfolg entschließt sich BMW, im folgenden Jahr gleich das nächste Art Car nachzuschieben. So folgt Kunst-Auto auf Kunst-Auto – zunächst in jedem Jahr, später in loser Reihenfolge. Bis zu Auto Nummer 4 sind alle Art Cars als rasende Sammlerstücke bei den 24 Stunden von Le Mans zu sehen. Schnell wird die Kollektion international durch Künstler aus aller Herren Länder, mit dem 635 CSi aus dem Jahr 1982 werden nun auch Straßenfahrzeuge zu bildgewaltigen Botschaftern. Die BMW Art Cars finden sowohl bei den Autofans als auch bei den Kunstfans große Beachtung: Sie stehen im Pariser Louvre, in Venedigs Palazzo Grassi, in Sydneys Powerhouse Museum sowie in den Guggenheim-Museen in Bilbao und New York.

Bislang existieren 17 offizielle Art Cars, darunter so spektakuläre Arbeiten wie die des dänischen Künstlers Olafur Eliasson, der 2007 einen tiefgefrorenen BMW H2R (208) präsentiert (siehe vorhergende Seite). Allerdings gibt es weitere: Frank Stella, Künstler des Art Cars Nr. 2, stellt 1979 noch ein zweites Art Car her, diesmal auf Basis eines BMW M1 Procar. Der Graffity-Künstler Keith Haring bemalt 1987 einen roten Z1, der deutsche Grafikdesigner Walter Maurer nimmt sich diverse BMW vor. Der Südafrikaner Robin Rohe fährt 2009 mit einem Z4 wilde Linien auf Papier, und der Tscheche Andrej Drbohlav („Andy Reiben") wandelt 2013 einen Dreier-BMW (F30) um zum fluoreszierenden „Fluidum".

Nach einer langen Pause von insgesamt sieben Jahren wird die offizielle Serie bald fortgeführt: BMW kündigt für 2017 zwei BMW M6 GT3 an, die von der chinesischen Video- und 3D-Spezialistin Cao Fei und dem amerikanischen Konzept-Künstler John Baldessari bearbeitet werden. Die Art Cars sollen laut BMW auch weiterhin „Berührungspunkte zwischen technischer und künstlerischer Intelligenz entwickeln, neue Ausdrucksmöglichkeiten eröffnen und Spannungsfelder zur Basis neuer Kreativität machen."

1975: Alexander Calder, BMW 3.0 CSL

Der Amerikaner Alexander Calder liebt es großflächig: Mit leicht geschwungenen Linien verteilt er die Primärfarben auf dem Ursprungslack des 3.0 CSL, was den Eindruck von Bewegung innerhalb des Gesamtbildes hervorrufen soll. Der 480 PS starke Sportwagen rast als mobiles Kunstwerk bei den 24 Stunden von Le Mans mit. Dass sein Auto Initialzündung für eine ganz Reihe von Art Cars wird, bekommt Calder nicht mehr mit – er stirbt ein Jahr nach seiner Auto-Kunst.

1977: Roy Lichtenstein, BMW 320i Turbo Gruppe 5 Rennversion

Pop-Art auf Pop-Art – vielleicht ist deshalb das Art-Car des New Yorkers Roy Lichtenstein eines der beliebtesten. Der berühmte Künstler verbindet die aerodynamische Form des Gruppe-5-BMW mit seinen Comic-Strip-Stilvorstellungen von Kunst. „Mit den gemalten Linien wollte ich die Straße darstellen, die dem Auto zeigt, wo es langgeht. Der Entwurf zeigt auch die Landschaft, durch die der Wagen gefahren ist."

1979: Andy Warhol, BMW M1 Gruppe 4 Rennversion

Während die bisherigen Art-Car-Künstler nicht ohne vorherige Entwürfe dem Blech ans Leder gehen, malt der Pittsburger Künstler Andy Warhol, der eigentlich Andrej Warhola heißt, seine schwungvollen Pinselstriche ohne große Vorbereitung direkt auf den Lack. Der Meister ist allerdings hinterher nicht so glücklich mit seinem Werk: „Das Auto ist besser gelungen als das Kunstwerk," sinniert er nach getaner Arbeit. Der Warhol-M1 fährt natürlich auch in Le Mans – und erreicht den sechsten Platz der Gesamtwertung.

1982: Ernst Fuchs, BMW 635 CSi

Das Jahr 1982 hält in Sachen BMW Art Cars zwei Neuigkeiten parat: Mit Ernst Fuchs darf zum ersten Mal ein Europäer einen BMW verschönern. Und: Der Wiener Kunst-Professor ist der erste, der mit dem 635 CSi ein BMW-Serienauto als Leinwand bekommt. „Ich nenne dieses Auto ‚Feuerfuchs auf Hasenjagd'," erklärt er die Projektionsfläche der eigenen Fantasie, „ein Hase ist zu sehen, der nachts quer über die Autobahn über einen brennenden Wagen springt – Urangst und kühner Traum von der Überwindung einer Dimension, in der wir leben. Er sagt mir seine Farben, ich lese sie in seinen Linien, in seiner Form, ich höre seinen rasanten Ruf und sehe auch schon den schönen Hasen durch Flammen der Liebe springen – Ängste bannend."

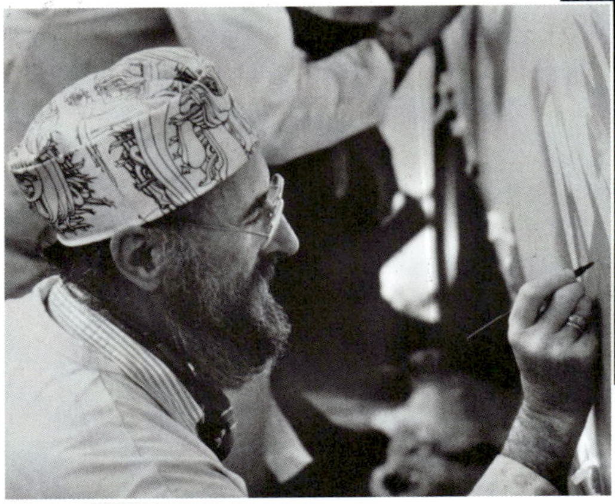

1989: Michael Nelson Jagamarra, BMW M3 Gruppe A Rennversion

Aborinigine-Kunst für Bayern: Der 1949 geborene Michael Jagamara Nelson aus Pikolo (Australien) sucht sich einen völlig schwarzen Renn-M3 aus, um darauf seine Papunya-Kunst zu verewigen. Papunya ist eine weltweit anerkannte Künstler-Kolonie 240 Kilometer westlich von Alice Springs im Northern Territory. Hier wird vorrangig die historische Kunst der Aborigines mit moderner Kunst verbunden – perfekt für die Verbindung von Kunst und Technik.

1989: Ken Done, BMW M3 Gruppe A Rennversion

Ken Done, geboren 1940 in Sydney, ist (ebenso wie Michael Jagamara Nelson) ein Australier, aber seine Interpretation eines Art Cars unterscheidet sich vollständig von der des Kollegen. Done arbeitet mit knalligen, leuchtenden Farben, die die sonnigen Strände und die halbtropischen Landstriche widerspiegeln sollen. Dafür hat Done Papageien and Papageienfische abstrahiert: „Beide sind wunderschön und stehen für Tempo." Das Auto stammt aus der Motorsportabteilung von BMW Australien.

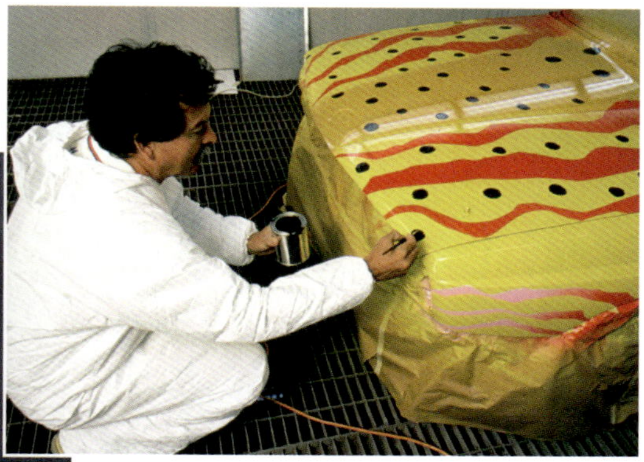

1990: Matazo Kayama, BMW 535i

Der Japaner wählt für seinen 211-PS-Sechszlinder-BMW das Thema „Schnee, Mond und Kirschblüte". Er benutzt die Airbrush-Technik und schafft somit eine ganz neue Interpretation des Kunst-am-Auto-Themas. Er greift für seine Arbeit zu typisch japanischen Techniken wie „Kirigane" (aus vielen winzigen Stückchen Goldfolie bestehender japanischer Dekor) und „Arare" (Dekor von großen Hagelkörnern). Nach Fertigstellung schafft er es, sich und BMW in einem Atemzug zu loben: „Ich wurde mir erst des klaren und linearen Designs des Autos bewusst, als ich es in der neuen farbigen Robe gesehen habe."

1991: A.R. Penck, BMW Z1

Der Meister der Strichmännchen, A.R. Penck, hat diese auch auf einem von 8000 gebauten BMW Z1 verewigt, eingebunden in Symbole und Bilder wie Augen, Löwen, Krokodile, Schlangen, Friedenszeichen und mehr. Dazu der Künstler, der als erster Deutscher offiziell einen BMW bemalt: „Kunst auf Kunst, Kunst auf Technik, das hat mich interessiert – vor allem Kunst auf einem plastischen Objekt." Die Inspirationen des Dresdners stammen gleichzeitig von Künstler-Heroen wie Picasso und Rembrandt als auch von frühen Künstlern wie den Höhlenmalern. Und natürlich von Pencks ständigen Kampf mit Mathematik und Physik.

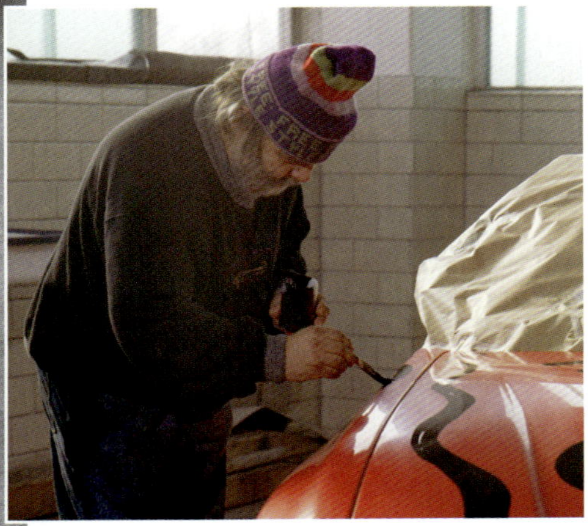

1991: Esther Mahlangu, BMW 525i

Erstmals darf eine Frau das Gesicht der Technik schminken: Die Südafrikanerin Esther Mahlangu vertritt die Ndebele-Kunst mit hellen Farben und klaren ornamentalen Formen. Diese uralte Kunst steht diametral gegen die hochmoderne Technik des 525i, der 225 km/h schafft. Mahlangu: „Ndebele-Kunst hat auf ganz natürliche Weise etwas formal sehr Großzügiges an sich; was ihr in meiner Arbeit hinzugefügt wurde, ist die Idee der Bewegung."

1992: Sandro Chia, BMW M3 GTR (Prototyp)

Dem italienischen Maler Sandro Chia ist Mobilität nichts Fremdes: Er ist Pendler zwischen seinen Wohnsitzen in der Toskana sowie in den Metropolen New York und London. Er fordert in seinem automobilen Werk den Betrachter auf, sich im Rennprototypen M3 GTR zu spiegeln. Sein Kunst-Stück ist über und über mit Portraits und Silhouetten bedeckt. Chias Kommentar dazu: „Das Automobil ist ein begehrter Gegenstand in der Gesellschaft. Dadurch ist das Auto vielen Blicken ausgesetzt. Dieses Auto hier reflektiert diese Blicke."

1995: David Hockney, BMW 850 CSi

Der britisch-stämmige Künstler David Hockney soll mehrere Monate gebraucht haben, um dem BMW 850 CSi seinen Stempel aufzudrücken. Am 20. April 1995 setzt er mit seiner Unterschrift den Schlussstrich unter seine Arbeit: Er will das Innere des Autos außen sichtbar machen. So sieht man einen Teil des Fahrers durch die Tür, den Hund auf dem Rücksitz, eine Art Kraftwerk auf der Fronthaube, und die Kofferraumhaube ziert Laub. Laub? Wer weiß …

2010: Jeff Koons, BMW M3 GT2

Jeff Koons, eigentlich bekannt für seine – zumindest in europäischen Augen – hochkitschigen Kunstwerke aller Art, hat das bislang jüngste fertige Art Car gestaltet. Seine fast psychedelisch anmutenden Linien und Streifen auf dem M3 GT2 mit der Startnummer 79 sollen eine Hommage darstellen an den BMW M1 von 1979, den Andy Warhol gestaltete. Dazu führt Koons aus: „Diese Rennautos sind wie das leben, sie strotzen vor Kraft und haben enorme Energie. Man kann sich darauf einlassen, darauf aufbauen und mit dieser Energie eins werden." Wie Warhols Kunstwerk tritt auch Koons Streifen-Bayer bei den 24 Stunden von Le Mans an.

BMW Motorsport
79

M YB 4645
M MM 6846
M ZS 400

Kapitel 9

Die M GmbH – Der stärkste Buchstabe der Welt

Die Keimzelle der neuen BMW-Tochter befindet sich in der Preußenstraße, unweit des Hauptwerkes.

Den ersten Chef der jungen Company werben die Manager bei Ford ab: Jochen Neerpasch, zuvor erfolgreicher Rennleiter in Köln. Als ehemaliger Rennfahrer holt er gleich eine ganze Armada von guten Piloten nach Bayern: Chris Amon, Toine Hezemans, Hans-Joachim Stuck, Dieter Quester. Für die Rallyesektion verpflichtet er die Asse Björn Waldegaard und Achim Warmbold.

Eine Firma braucht auch ein eigenes Domizil, und die GmbH bezieht ein paar Monate nach der Gründung ein 8000 Quadratmeter großes Gebäude in der Münchener Preußenstraße nahe des Stammwerkes. Hier wird die Rennwerkstatt eingerichtet, der Motorenbau, der Werkzeugbau, ein Motorenprüfstand. Hier entsteht das erste „Motorsport"-gerät und damit der erste „M", wenn auch nur für den Racetrack: ein 2002 mit Zweiliter-Vierventil-Vierzylinder, 240 PS stark, 950 Kilo leicht. Es folgen drei Homologationsserien des Tourenwagen-Coupés 3.0 CSL: Die Türen und Hauben bestehen aus Aluminium, das Fünfganggetriebe ruht in einem Magnesiumgehäuse. Der Wagen ist 1092 Kilo schwer, der 3340 Kubikzentimeter große Reihensechszylinder besitzt zwölf Ventile, Benzineinspritzung und ist 11:1 verdichtet. Das 360-PS-Aggregat ist der letzte Zweiventiler, mit dem BMW Renneinsätze fährt. Die Teams von Schnitzer und Alpina treten damit bei Tourenwagenrennen an. Neerpasch führt zusätzlich und als erster eine Art „Fahrertuning" ein – ein Aufbautraining für Werksfahrer inklusive Betreuung durch einen Sport-Psychologen.

Schon 1973 tritt BMW als erster Hersteller mit einheitlichem Design bei Rennen auf: Drei Farbstreifen in blau-violett-rot setzen sich von einem weißem Grund ab – noch heute steht diese Farbkombination für den „stärksten Buchstaben der Welt". Im selben Jahr gewinnen Stuck und Amon mit dem 3.0 CSL den Grand Prix der Tourenwagen auf dem Nürburgring. Letztlich wird der 3.0 CSL der erfolgreichste Tourenwagen seiner Zeit: Er gewinnt zwischen 1973 und 1979 sechsmal die Europameisterschaft – ab 1973 steckt allerdings ein Vierventil-Sechszylinder unter der Haube. Zum Schluss überzeugt das Coupé mit rund 800 PS aus einem 3,2-Liter-Biturbomotor. Noch 1977 erringt Dieter Quester mit einem CSL von Tuner Alpina den Europameister-Titel.

Vom Motorsport-Zentrum zum Powerkult-Hersteller

Es kommt wohl nicht so oft vor, dass einem Autohersteller seine eigenen Produkte unheimlich werden. Und die Erfolge, die sie einfahren. Bei BMW ist das fast so – deshalb wird aus einer einfachen BMW-Sportabteilung letztlich „der stärkste Buchstabe der Welt". Kann eine Imagebildung besser laufen?

Die Grundlage der M GmbH bildet die „Neue Klasse", die nicht nur auf der Straße punktet, sondern – in den richtigen Händen – auch auf den Rennstrecken. Es sind private Fans und vor allem Tuner, die Autos vom Schlage eines 1800 TI, 2000 TI, aber vor allem der gesamten 02-Reihe tunen, gnadenlos einsetzen und die Tourenwagenszene aufmischen.

Das fällt besonders zwei Männern mit Benzin im Blut bei BMW auf: BMW-Chef Eberhard von Kuenheim und Verkaufsvorstand Bob Lutz. Die beiden beschließen den Aufbau einer eigenen Motorsportfirma: Am 1. Mai 1972 gründen sie die „BMW Motorsport GmbH". Lutz' Taufspruch der Firma wird zum Credo: „Eine Firma ist wie ein Mensch. Treibt sie Sport, so ist sie durchtrainiert, begeisterungsfähig, leistungsfähiger."

Vom Rhein an die Isar: Der gebürtige Krefelder Jochen Neerpasch, Jahrgang 1939, gelernter Maschinenschlosser, Rennfahrer und erfolgreicher Motorsportmanager bei Ford, wechselt zu BMW, wo er von 1973 bis 1979 als Vorsitzender der Geschäftsführung die M GmbH aufbaut.

Vom Fahrsicherheitstraining zum heutigen Geschäftsbereich mit der Bezeichnung „BMW Driving Experience": So nehmen beispielsweise in der Driving Academy Maisach auf dem ehemaligen Flugfeld jährlich rund 17.000 Teilnehmer die guten Ratschläge der Instruktoren entgegen.

Auch in der Formel 2 punktet BMW. 50 Exemplare des Zweiliter-Vierzylinder-Rennmotors nimmt der Rennstall March ab. 1973 fährt Jean-Pierre Jarier den europäischen Formel-2-Titel mit BMW-Kraft ein. Insgesamt produziert BMW gut 500 dieser Motoren, die meisten leisten mehr als 300 PS.

Das Volk ist begeistert – und fordert nun auch mehr Power für die Straße. Ab 1974 entstehen bei BMW die ersten heißen 5er: 530i, 533i, 535i sind schon recht sportliche Limousinen. Die Ingenieure straffen zusätzlich die Fahrwerke und stärken die Bremsen. Bis 1980 kommen auf diese Weise die ersten GmbH-bearbeiteten Autos auf Basis des Fünfers auf die Straße.

Die Erfolge in Europa sind unbestreitbar – in den USA ist die bayerische Automarke noch nicht so recht angekommen. Um das zu ändern, entert die BMW Motorsport GmbH 1975 die amerikanische IMSA-Serie – das perfekte Marketinginstrument: Die GmbH sichert für BMW schon gleich im ersten Jahr die Markenwertung.

Am 3. Februar 1976 wird die „Fahrerschule" gegründet – letztlich eine „Werksfahrer-Schulung für Laien". Geplant werden zunächst Lehrgänge auf dem BMW-Testgelände sowie auf Rennstrecken mit pro Jahr rund 800 Teilnehmern. BMW stellt die Autos zur Verfügung, zunächst BMW 320i mit 125 PS, speziellem Fahrwerk, 40-prozentigem Sperrdifferenzial und Schalensitz. Erster Chefinstruktor wird 1977 der „Rallyeprofessor" Rauno Aaltonen.

Die erste Marke setzt die GmbH im Jahr 1980, als sie mit dem seit 1978 geplanten M1 das erste Auto ohne Serienbasis präsentiert. Ebenfalls 1980 folgt der M535i auf Basis des Serien-Fünfers. Und Dieter Stappert folgt auf Jochen Neerpasch – technischer Geschäftsführer wird Paul Rosche. Rosche wird so etwas wie ein bayerischer Motorenpapst werden: Er wird dringend gebraucht für den nächsten Schritt der BMW AG in die Weltelite – den Einstieg in die Formel 1.

In Rekordzeit baut Rosche aus dem 1,5-Liter-Serienmotorblock einen F1-Motor mit 800 PS dank sechzehn Ventilen, Turboaufladung und – erstmals in der Formel 1 – digitaler Motorelektronik. 1981 läuft der erste Trainingswagen, ein Jahr später startet Brabham den ersten Grand Prix mit einem BMW-Motor. Der ganz große Triumph folgt 1983, als Nelson Piquet auf Brabham-BMW die Weltmeisterschaft einfährt. Bis 1987 gelingen neun GP-Siege mit diesem Motor, auch andere Teams haben damit Erfolg. Letztlich wird der Motor bis auf 1400 PS gepusht.

Mit den Herausforderungen wird auch die Aufgabenstellung der GmbH größer – 1983 mutiert sie zu einer hochleistungsorientierten Entwicklungsgesellschaft, bei der 380 Mitarbeiter denken, testen und bauen. Weil sich nicht jeder Kunde einen M leisten kann, aber gerne ein paar Vorzüge der M-Fahrzeuge in seinem BMW haben würde, entwickelt BMW Motorsport zusätzlich Zubehör und sorgt für individuell ausgebaute und ausgestattete Fahrzeuge.

1984 werden der M 635 CSi und der M5 mit dem Vierventil-Reihensechszylinder des M1 ausgestattet. Der M5, der in der

Der erste Vierventiler aus München kommt im M1 zum Einsatz, später dient der Reihensechszylinder als Basis für den M 635 CSI und den M5-Reihensechszylinder

Paul Rosche – im Bild mit Alexander von Falkenhausen (links) – konstruiert die Triebwerke bei der M GmbH und hat großen Anteil am Formel-1-Erfolg. „Nocken-Paule", wie er liebevoll genannt wird, bleibt bis 1999 bei BMW und geht danach in Ruhestand.

Preußenstraße von Hand zusammengebaut wird, erhält damit satte 286 PS. Dank einer Höchstgeschwindigkeit von 245 km/h bekommt die Power-Limousine im Kleid eines gesellschaftsfähigen Fünfers schnell ihren kraftvollen Kosenamen: „Businessman's Express". Im gleichen Jahr stellt BMW mit Volker Strycek den ersten DTM-Meister der Geschichte.

1986 steigt BMW aus der Formel 1 aus, um sich ganz dem Tourenwagensport zu widmen. Und die GmbH baut die erste Generation des M3. Der Dreier wird parallel für die Straße und für den Sport entwickelt. Im ersten Jahr muss die GmbH genau 5000 Stück fertigen, um nach dem FIA-Reglement der Gruppe A als Tourenwagen fahren zu dürfen. Damit ist die GmbH in der Preußenstraße in Sachen Platzbedarf aber überfordert. Flugs wird das zweite Domizil eröffnet, und zwar in Garching, Daimlerstraße 19.

Auch 1987 bleiben die Power-Ingenieure erfolgreich: Roberto Ravaglia gewinnt mit dem M3 die Tourenwagen-WM, in den folgenden fünf Jahren sichert sich das Auto unter anderem zweimal die Tourenwagen-Europameisterschaft sowie zweimal den DTM-Gesamtsieg und wird somit zum erfolgreichsten deutschen Tourenwagen.

1988 kommt der M5 in zweiter Generation, vier Jahre später der nächste M3. Zwischen 1992 und 1996 entstehen bei der GmbH mehr als 85 viertürige Renn-3er für das Klasse-2-Reglement. Johnny Cecotto gewinnt die ADAC-GT-Meisterschaft 1993 und den IMSA-Titel 1996 mit dem 400 PS starker PTG M3.

1992 wird BMW Individual gegründet und bald der Motorsport GmbH zugeführt. Die neue Abteilung sorgt für Maßarbeit, die weit über das reguläre Sonderausstattungsangebot hinausgeht. Ebenso kümmert sie sich um individuelle Umbauten und Kommunikations-Elektronik.

Am 1. August wird die Motorsport GmbH umbenannt in BMW M GmbH – auch deshalb, weil sie sich inzwischen um viel mehr kümmert als nur den Motorsport.

Der aber deshalb nicht vernachlässigt wird – im Gegenteil: Der Sechsliter-V12 auf Basis des 750i-Motors verhilft dem McLaren F1 GTR 1995 zum Sieg bei den 24 Stunden von Le Mans: Das Rosche-Triebwerk leistet rund 600 PS. Noch im selben Jahr wird in Großbritannien die BMW Motorsport Ltd gegründet, wo alle Motorsportaktivitäten zusammengeführt werden. Die M GmbH in Deutschland konzentriert sich auf M-Fahrzeuge sowie auf die Geschäftsfelder BMW Individual und BMW Fahrertraining.

Und diese Strategie zahlt sich für die M GmbH aus: 1997 kommen der M roadster, der Z3 Roadster, das M Coupé, in das sogar zwei Golfbags hinein passen. Aber auch die Engländer haben Erfolge zu verzeichnen, wie zum Beispiel 1999 mit dem BMW V12 LMR, der sich den Gesamtsieg bei den 24 Stunden von Le Mans sichert.

2001 fährt die Bajuwaren-Power als M3 GTR in der American Le Mans Serie, erstmals mit Vierliter-V8. Er erringt gleich die Meisterschaft in der GT-Klasse. 2003 baut die M GmbH mit dem M3 CSL das Urmeter aller leichten Sportlimousinen. 2004 feiert der M3 GTR weitere Erfolge wie einen Doppelsieg bei den 24 Stunden vom Nürburgring, was die Bayern 2005 wiederholen.

Dem neuen M5 folgt ein M6, 2006 kommen der Z4 M Roadster und das Z4 M Coupé mit dem 343-PS-Motor aus M3, die 250 km/h rennen können. Auf Basis des Coupés entstehen rund ein Dutzend Werksrennwagen mit 430-PS-Sechszylinder: Elf von 16 VLN-Langstreckenrennen gehen 2009 und 2010 an die Z4 Coupés. Dann kommt 2010 der Z4 GT3, eine Rennversion des aktuellen Z4 Roadsters mit 4,4-Liter-V8 für Motorsportkunden.

2008 liefert BMW bereits das 300.000ste M-Fahrzeug aus. Es gibt inzwischen neun Modelle, außerdem sind Sportpakete für 1er, 3er, 6er sowie X3 und X5 verfügbar. Ein Jahr später erreicht der High-Performance-Charakter erstmals die X-Modelle mit X5 M und X6 M. Auch 2009 bietet die M GmbH einen Extremsportler an auf Basis des M3 Coupè: Der M3 GTS mit 4,4-Liter-Motor und 450 PS wird als Nachfolger des M3 CSL nur auf Kundenwunsch gebaut. Danach geht es Schlag auf Schlag: 2010 kommt das 1er Coupé als 340 PS starker Kompakter und mit einem Leistungsgewicht von nur 4,4 Kilo pro PS. Es folgt der neue M5 mit Turbo-V8, 560 PS stark und 305 km/h schnell.

40 Jahre nach Grundsteinlegung der Motorsport GmbH gibt es ein neues Projekt: Die BMW M Performance Automobile als Erweiterung der Modellpalette mit klarer Ausrich-

M Gene inklusive: Wer es etwas dezenter und doch sportlich mag, für den bietet BMW M Performance Automobile genau das richtige Fahrzeug. Die Zubehörteile werden aber auch zum Nachrüsten angeboten.

tung auf Sportlichkeit bei uneingeschränkter Alltagstauglichkeit und Effizienz. In die neue Produktkategorie gehören M550d xDrive Touring, X5 M50d und X6 M50d. Herzstück der Performance-Abteilung ist ein Reihensechszylinder-Diesel mit drei Turboladern und 381 PS. Seit 2012 geht BMW wieder in der DTM an den Start, zunächst mit dem M3, ab 2014 mit dem brandneuen M4.

2016 gibt es eine Wachablösung im GT-Sport, der Z4 GT3 wird in den Ruhestand verabschiedet, Nachfolger wird der M6 GT3 mit 4,4-Liter-V8.

Im Sommer 2016 kündigt die M GmbH noch ein besonderes Schmankerl an: Mit dem ab 129.500 Euro erhältlichen M5 „Competition Edition" kommt die schärfste Variante der fünften Modellgeneration der High-Performance-Businesslimousine auf den Markt – allerdings kommen nur 200 Kunden in den Genuss der sagenhaften 700 Nm Drehmoment des 600 PS starken Sondermodells.

Volles Programm für den stärksten Buchstaben der Welt …

Streng limitiert auf 200 Exemplare: der M5 „Competition Edition".

BMW M1

1978 baut die Motorsport GmbH ihr erstes Rennauto ohne Serienbasis, den M1. Paul Bracq entwirft einen Sportwagen mit Flügeltüren, zunächst eigentlich nur ein Show-Car. Daraus ein Serienauto zu machen, erweist sich als gar nicht so einfach – die Planung: BMW kümmert sich um die Technik, Lamborghini liefert die Karosserien und Bodengruppen. Die Italiener aber sind in finanziellen Schwierigkeiten, also muss umgedacht werden: Der Gitterrohrrahmen entsteht bei Marchesi, die glasfaserverstärkte Kunststoffkarosserie bei T.I.R. in Modena. ItalDesign baut beides zusammen und sorgt für die Innenausstattung. Baur in Stuttgart komplettiert das nur 1,14 Meter hohe Auto mit der Mechanik. Die Rennwagen sollen in der eigens aus der Taufe gehobenen ProCar-Serie mit je 470 PS Leistung und einem Top-Tempo von rund 300 km/h gegeneinander antreten. Dafür müssen aber auch 400 Stück für die Homologation der FIA-Gruppe 4 gebaut werden.

Die Straßenversion ist der erste eigens konstruierte BMW mit der Bezeichnung „M". 277 PS stark und mit 100.000 Mark das bislang teuerste Auto der Marke. Auf Anhieb wird der M1 der schnellste deutsche Straßensportwagen mit 264,7 km/h laut Messung eines Fachmagazins. Der Sprint gelingt in 5,6 Sekunden. Das Auto besitzt zwei Tanks mit je 58 Liter Fassungsvermögen. Knapp über 450 Stück des Straßenautos entstehen.

Technische Daten	**BMW M1**
Code	E26
Bauart	Coupé
Bauzeit	1978 bis 1981
Motor	Sechszylinder/Reihe
Hubraum	3453 cm^3
Leistung	277 PS bei 6500/min
Getriebe	Fünfgang-Handschalter
Antrieb	Hinterräder
Gewicht	1290 kg
V_{max}	262 km/h

BMW M 635 CSi

Das Optimum aus dem Design von Paul Bracq holt die Motorsport GmbH heraus mit der Power-Version des Sechsers, dem M 635 CSi. Dazu verpflanzen die Ingenieure den 3,5-Liter-24-Ventiler aus dem BMW M1 in den Sechser. 286 PS und 340 Nm maximales Drehmoment sorgen für ein Top-Tempo von 255 km/h und den Sprint in sensationellen 6,5 Sekunden – immerhin wiegt der Wagen mehr als 1,5 Tonnen. Das Hinterachsgetriebe kommt mit Sperrdifferenzial (25 Prozent Sperrwirkung), das verstärkte Fünfgang-Schaltgetriebe von Getrag ist sportlich ausgelegt mit langem ersten Gang und enger Spreizung. Die Karosserie ist um zehn Millimeter tiefer gelegt, die Bremsscheiben messen beeindruckende 300 Millimeter, ABS gibt es serienmäßig.

Äußerlich erkennt man die M-Version am tief heruntergezogenen Front-Spoiler und in Wagenfarbe lackierten Außenspiegeln. Innen sind Sportsitze, ein Lederlenkrad und ein Tacho verbaut, der bis 280 km/h anzeigt. Mit seinen Werten gehört das Auto zu den schnellsten seiner Zeit. In den USA kostet die Fahrmaschine allerdings gut 60.000 Dollar, in Deutschland zum Zeitpunkt des Erscheinens 89.500 Mark (1986 mit Katalysator bereits 102.050 Mark), was dazu beiträgt, dass BMW nur knapp 6000 Stück verkauft. Im Mai 1987 erfährt das Modell ein vorsichtiges Facelift.

Technische Daten	**BMW M 635 CSi**
Code	E24
Bauart	Limousine
Bauzeit	1984 bis 1989
Motor	Sechszylinder/Reihe
Hubraum	3453 cm^3
Leistung	286 PS bei 6500/min
Getriebe	Fünfgang-Handschalter
Antrieb	Hinterräder
Gewicht	1510 kg
V_{max}	255 km/h

BMW M5

Für diejenigen, denen ein M 535i noch nicht radikal genug ist, hält BMW eine Steigerung parat: Der erste M5 betritt die Bühne. Sein aufgebohrter Reihensechszylinder besitzt 3453 Kubikzentimeter Hubraum und leistet 286 PS. Jeder Zylinder verfügt über vier Ventile, die Maschine hat zwei Nockenwellen. So bestückt sprintet die Sportlimousine in nur sieben Sekunden von 0 auf 100 km/h, erst bei 245 km/h ist Schluss. Bemerkenswert: Optisch trumpft der M5 nicht mehr auf als der M 535i – seine Kraft bleibt stets diskret, bis man auf das Gaspedal tritt. Der Superstar aus München wird nur auf Bestellung gebaut. Insgesamt 2145 Kunden wollen das genau so und zahlen mehr als 80.000 Mark für ihr Wunschauto.

Technische Daten	**BMW M5**
Code	E28
Bauart	Limousine
Bauzeit	1984 bis 1987
Motor	Sechszylinder/Reihe
Hubraum	3453 cm³
Leistung	286 PS bei 6500/min
Getriebe	Fünfgang-Handschalter
Antrieb	Hinterräder
Gewicht	1470 kg
V_{max}	245 km/h

BMW M5

Der neue M5 kommt auf Anhieb an, und diesmal gibt es keinerlei Anlaufschwierigkeiten. Kein Wunder: Die Motoren und Fahrwerke werden vom Vorgänger übernommen. Zunächst bietet BMW die neue Superlimousine an mit 3,6-Liter-Reihensechszylinder mit 315 PS und 360 Nm. 1992 wird das Aggregat gestärkt, erhält 3,8 Liter Hubraum und 340 PS sowie 400 Nm maximales Drehmoment.

Die Motoren besitzen ab jetzt nicht mehr das M als interne Baureihennummer, sondern bekommen ein S. Auch fürs Auge gibt's im Motor Neues: Ab sofort steht „M Power" auf dem Ventildeckel statt des üblichen BMW-Schriftzuges. Nach der Limousine bietet BMW ab 1992 den M5 erstmals auch als Touring-Variante an, die mit 120.000 Mark rund 18.000 Mark teurer gerät. Ab 1994 ersetzt ein handgeschaltetes Sechsgang-Getriebe die bisherige Fünfgang-Lösung.

Technische Daten	**BMW M5**
Code	E34S
Bauart	Limousine, Kombi
Bauzeit	1988 bis 1995
Motor	Sechszylinder/Reihe
Hubraum	3535 cm^3, 3795 cm^3
Leistung	315 PS bei 6900/min, 340 PS bei 6900/min
Getriebe	Fünfgang-/Sechsgang-Handschalter
Antrieb	Hinterräder
Gewicht	1720 kg
V_{max}	250 km/h

BMW M3

Und wieder ein Bestseller aus der BMW-Motorsportabteilung: Der erste M3 kommt – zunächst 1985 vorgestellt als Homologationsmodell für die Deutsche Tourenwagen-Meisterschaft. Doch die Nachfrage ist groß, so dass 1986 die Serienproduktion beginnt – wenn auch per Hand. Und zwar als erstes Auto direkt bei der BMW Motorsport GmbH. Bei der Entwicklung beweisen die Ingenieure Weitblick: Bereits die Basisversion soll so viel Potenzial haben – speziell im Fahrwerksbereich –, dass aufwändige Entwicklungsarbeiten für eine Sportversion damit auf ein Minimum begrenzt werden.

Aus dem 2,3-Liter-Vierzylinder-Vierventiler kitzelt die Motorenabteilung um Paul Rosche 200 PS ohne Kat (195 PS mit Kat). Geschaltet wird über ein Fünfgang-Sportgetriebe mit Schaltwegeverkürzung. In der letzten Ausbaustufe wächst aus dem Gfk-Heckdeckel mit integriertem Heckspoiler ein Flügel mit einstellbarer Spoilerlippe. Als Straßenauto werden von dieser ersten Generation 17.970 Autos verkauft, einschließlich der 600 Stück M3 Sport Evolution und weniger als 800 Stück des von Hand gebauten M3 Cabrios. 1985 gibt es den Renner für 58.000 Mark. Der Kat macht ihn nicht nur um 1800 Mark teurer, sondern auch um 5 km/h Spitze langsamer, der Sprint dauert 0,1 Sekunde länger.

Technische Daten	BMW M3
Code	E30
Bauart	Limousine, Cabriolet
Bauzeit	1986 bis 1991
Motor	Vierzylinder/Reihe
Hubraum	2302 cm^3
Leistung	200 PS bei 6750/min
Getriebe	Fünfgang-Handschalter
Antrieb	Hinterräder
Gewicht	1200 kg
V_{max}	235 km/h (ohne Kat)

BMW M3 Sport Evolution

Der M3 Sport Evolution ist eine Steigerungsstufe des ersten BMW M3 – auch wenn zunächst niemand glaubt, dass so etwas möglich sei. Der Vierzylinder ist nicht 2,3 Liter groß, sondern 2,5 Liter groß und bietet statt 195/200 PS jetzt 238 PS an. Das Auto ist etwas abgespeckt, besitzt eine verstärkte Bremsanlage sowie dreistufig einstellbare Front- und Heckspoiler. Es liegt noch einmal zehn Millimeter tiefer als der normale M3, die Räder sind 16 Zoll groß. Innen laden Alcantara-Lenkrad, rote Sicherheitsgurte, spezielle M-Sportsitze und Schaltknauf sowie Handbremshebel in Rauleder zur zügigen Autobahnhatz ein. Das Auto gibt es nur in brillantrot oder glanzschwarz und ist von Anfang an auf 600 Stück limitiert. So viel Sport lassen sich die Bayern aber auch gut bezahlen: 93.000 Mark werden für den Sport Evolution aufgerufen.

Technische Daten	BMW M3 Sport Evolution
Code	E30
Bauart	Limousine
Bauzeit	1989 bis 1990
Motor	Vierzylinder/Reihe
Hubraum	2467 cm^3
Leistung	238 PS bei 7000/min
Getriebe	Fünfgang-Handschalter
Antrieb	Hinterräder
Gewicht	1200 kg
V_{max}	248 km/h

BMW M3

Die neue Generation des M3 kommt eher dezent daher – er besitzt keine deutlichen Spoiler mehr. 80.000 Mark müssen jetzt dafür hingeblättert werden. Allerdings ist er jederzeit am Sound zu erkennen: Der Dreiliter-Sechszylinder-Vierventiler sorgt für zunächst 286 PS und 320 Nm. Es handelt sich um den ersten BMW-Motor mit der so genannten VANOS-Steuerung, ein stufenlos verstellbares System zur Spreizung der Einlass-Nockenwellen. Dieses M-System steigert das Drehmoment im unteren und mittleren Drehzahlbereich. Gleichfalls einmalig: Die erste von BMW selbst entwickelte Motorsteuerung. Die Rechenleistung beträgt 20 Millionen Befehle pro Sekunde.

Von Anfang an ist der M3 diesmal nicht nur als Coupé und Cabrio, sondern auch als Limousine geplant. In Kleinserie wird der M3 flankiert von einem M3 GT mit 295 PS (kleines Bild unten). 1995 schärft BMW den M3: Der Motor wächst auf 3,2 Liter, die Leistung steigt auf 321 PS – das sind inzwischen mehr als 100 PS pro Liter Hubraum. Serienmäßig ist nun ein Sechsganggetriebe eingebaut, aber als Novum auf dem weltweiten Markt ist gegen Aufpreis das sequenzielle M-Getriebe (SMG) bestellbar. Es basiert auf dem herkömmlichen Getriebe, ist aber mit elektro-hydraulischer Kupplung ausgestattet. Das bedeutet: Der M3-Fahrer braucht kein Kupplungspedal mehr, er schaltet nur durch Ziehen und Drücken am Schalthebel auf einer Ebene. Zunächst regiert Skepsis, dann will es jeder haben: Zum Ende der Produktionszeit des E36-M3 im Jahr 1999 ist nahezu jeder zweite M3 mit dem SMG-Getriebe ausgestattet.

Technische Daten	**BMW M3**
Code	E36
Bauart	Limousine, Coupé, Cabriolet
Bauzeit	1992 bis 1999
Motor	Sechszylinder/Reihe
Hubraum	2990, 3201 cm^3
Leistung	286 PS bei 7000/min, 321 PS bei 7400/min
Getriebe	Fünfgang-Handschalter, Sechsgang-Handschalter
Antrieb	Hinterräder
Gewicht	ab 1440 kg
V_{max}	250 km/h

Technische Daten	BMW M coupé
Code	E36/7C
Bauart	Coupé
Bauzeit	1998 bis 2002
Motor	Sechszylinder/Reihe
Hubraum	3201/3246 cm^3
Leistung	321/325 PS bei 7400/min
Getriebe	Fünfgang-Handschalter
Antrieb	Hinterräder
Gewicht	1375 kg
V_{max}	250 km/h

BMW M coupé

Rund drei Jahre nach dem M roadster offeriert BMW die geschlossene Variante, das M coupé. Die größten Unterschiede zur offenen Version außer einem festen Dach: 25 Kilo schwerer und viele Diskussionen mehr. Denn die Form ähnelt eher einem Shooting Brake als einem Coupé, die Proportionen polarisieren: Die BMW-Interessierten spalten sich in jene, die diese Konstruktion genial finden und jene, die sich wegen der Form mit Grausen abwenden. Design-Anekdote am Rande: Gut 15 Jahre später wird man sich beim Anblick des Ferrari FF erinnern, dass es diese Bauform schon einmal gab – bei BMW war man einfach der Zeit voraus.

Die Leistungsdaten des M coupé entsprechen denen des Roadsters inklusive der elektronisch abgeregelter Höchstgeschwindigkeit. Allerdings ist das Coupé bauartbedingt steifer als der Roadster und macht den Fahrern deshalb auch mehr Spaß. Weniger spaßig ist der Preis: Bei seinem ersten Auftritt kostet das M coupé 95.000 Mark. Fast 22.000 Kunden greifen zu.

BMW M3 CSL

Im Jahr 2003 bringt BMW den M3 CSL (Coupé Sport Leichtbau) – eine Reminiszenz an den CSL von 1973. Und „Leichtbau" ist ernst gemeint: Der CSL wiegt 150 Kilo weniger als das M3 Coupé. Das wird erreicht, indem man zum Beispiel Dach, Mittelkonsole, Schalensitze und Türverkleidungen aus kohlefaserverstärktem Kunststoff baut, die Heckscheibe aus Dünnglas konstruiert und den Auspuff dünnwandig belässt, was allein beim Endtopf 5,5 Kilo Gewicht einspart. Die Dachhaut, der Diffusor und die Frontflaps bestehen aus Sichtcarbon.

Der Motor leistet 360 PS – 17 PS mehr als im normalen M3. Das wird erreicht durch eine veränderte Motorsteuerung, andere Nockenwellen, optimierte Auslassventile und einen geänderten Abgaskrümmer. Außerdem darf der CSL ohne Luftmassenmesser auskommen und damit frei atmen. Das SMG-II-Sechsganggetriebe schaltet innerhalb von 80 Millisekunden über Schaltwippen und bellt Zwischengassalven beim Herunterschalten – der Sound betört alle Fans. Mit 7:50 Minuten auf der Nordsschleife macht der Kurvenkünstler selbst dem Porsche 911 Konkurrenz. Ziemlich schnell sind alle rund 1400 Autos verkauft – für 85.000 Euro pro Stück.

Technische Daten	**BMW M3 CSL**
Code	E46
Bauart	Coupé
Bauzeit	2003 bis 2004
Motor	Sechszylinder/Reihe
Hubraum	3245 cm^3
Leistung	360 PS bei 7900/min
Getriebe	Sequenzielles Sechsgang-Getriebe
Antrieb	Hinterräder
Gewicht	1385 kg
V_{max}	250 km/h

BMW M5

Im Herbst 2003 kommt ein neuer M5 – und BMW legt noch einmal zwei Zylinder drauf. Statt des V8 arbeitet nun ein mächtiger Fünfliter-V10 unter der Haube – inspiriert von den Zehnzylinder-Motoren, die BMW in der Formel 1 einsetzt. Der leistet 507 PS und beeindruckende 520 Nm, die Drehzahlen können bis zu 8250/min hoch georgelt werden. Viel Elektronik sorgt für beste Zylinderfüllungen und perfekte Zündzeitpunkte: Die Motorelektronik schafft 200 Millionen Kalkulationen pro Sekunde.

Nicht nur deshalb setzt der neue M5 die neue Benchmark in Sachen Sportlimousine samt 25 Prozent mehr Leistung als beim Vorgänger. Mehr als 100 PS pro Liter Hubraum spezifische Leistung sind schon Rennsport-Niveau. Dank SMG-Getriebe rast das immerhin fast 1,8 Tonnen schwere Auto in sagenhaften 4,7 Sekunden von 0 auf 100 km/h, auf Tempo 200 km/h ist es in rund 15 Sekunden. Wer die Tempobegrenzung umgeht, kann mit dem wuchtigen Fünfer gut 330 km/h schnell fahren. Die Qualitäten des M5 kann jeder selbst am eigenen Leib erfahren, bei einer schnellen Taxi-Fahrt über die Nürburgring-Nordschleife, bevorzugt mit der ehemaligen BMW-Werksfahrerin Sabine Schmitz hinterm Lenkrad.

Technische Daten	BMW M5
Code	E60/M5
Bauart	Limousine
Bauzeit	2004 bis 2010
Motor	V10
Hubraum	4999 cm^3
Leistung	507 PS bei 7750/min
Getriebe	Siebengang-SMG
Antrieb	Hinterräder
Gewicht	1755 kg
V_{max}	250 km/h (331 km/h)

BMW Z4 M Roadster, Coupé

Klar, dass BMW auch seinen zweisitzigen Roadster bis zur Spitze stärkt, der schon als Z3 M zwar nicht riesige Stückzahlen brachte, aber eine Menge Image und Diskussionen: Der Z4 kommt mit dem Reihensechszylinder und 343 PS samt reinrassiger Rennsporttechnik aus dem M3. Man sieht zwar die geschmiedeten Pleuel nicht, auch die graphitbeschichteten Kolben oder die separaten und elektronisch gesteuerten Drosselklappen für jeden Zylinder verbergen sich in den Untiefen des Maschinenraums – aber man spürt sie.

Das Fahrwerk stammt zum Teil vom M3 CSL. In rund zehn Sekunden ist beim rund 58.000 Euro teuren Roadster das Dach versenkt, eine Persenning oder Verdeckklappe ist nicht nötig. Wie auch bei den anderen M-Modellen ist der starke Z4 besonders an den großdimensionierten Rädern und den vier Auspuffrohren zu erkennen. Die Kunden sind begeistert von den exakten Fahrmanövern, die die Abstimmung des Autos und die enorme Steifigkeit der Konstruktion zulässt. Das gilt erst recht für die Coupé-Variante. Die M GmbH baut auch zwölf Coupé-Werksrennwagen vom Z4 M mit je 430 PS für die Langstreckenmeisterschaft.

Technische Daten	BMW Z4 M
Code	E85
Bauart	Roadster, Coupé
Bauzeit	2006 bis 2008
Motor	Sechszylinder/Reihe
Hubraum	3246 cm^3
Leistung	343 PS bei 7900/min
Getriebe	Sechsgang-Handschalter
Antrieb	Hinterräder
Gewicht	1485 kg
V_{max}	250 km/h

BMW M3 Limousine, Cabrio

Etwa ein halbes Jahr nach dem Coupé folgen Cabrio und Limousine. Technisch sind sie gleich: V8, 420 PS, und das alles im höchstdrehenden Serienmotor, den BMW je entwickelt hat. Der Drehzahl-Begrenzer setzt erst bei 8400/min ein. Wie im Coupé stehen dem Fahrer auch in den anderen Karosserievarianten elf per Knopfdruck einstellbare Fahrprogramme zur Verfügung, die den Wagen vom handzahmen Stadtcruiser bis zur siegfähigen Rennmaschine konfigurieren. Die Dämpferkennlinien können vom Piloten verändert, das DSC auf Wunsch voll ausgeschaltet werden. Wie beim M6 kann der solvente M3-Käufer das auf 250 km/h begrenzte Spitzentempo umgehen, wenn er für das „M Driver's Package" und die dazugehörige Tempofreischaltung 2450 Euro zahlt und an einem BMW-Fahrertraining teilnimmt.

Auf nur 67 Stück limitiert ist das Sondermodell M3 CRT (Carbon Racing Technologie), das aufgrund von noch exzessiverem Leichtbau noch einmal 45 kg leichter ist. Motorhaube, Sitzschalen, Spoiler und Dach bestehen aus carbonfaserverstärktem Kunststoff, auch der Endschalldämpfer ist leichter. Der V8 ist auf 4,4 Liter aufgebohrt, um 30 PS gestärkt und leistet 450 PS. Damit erreicht der 130.000 Euro teure CRT mühelos 290 km/h.

Technische Daten	BMW M3 Limousine
Code	E90/M3, E93/M3
Bauart	Limousine, Cabriolet
Bauzeit	2008 bis 2013
Motor	V8
Hubraum	3999 cm^3
Leistung	420 PS bei 3900/min
Getriebe	Sechsgang-Handschalter
Antrieb	Hinterräder
Gewicht	1680/1685 kg
V_{max}	250 (280) km/h

BMW X5 M

2009 kommt BMW mit seinem ersten Power-SUV, dem X5 M. Optisch erkennt man die starke Version an großen Lufteinlässen in der Front, breiten Radhäusern und – wie bei M üblich – der vierflutigen Abgasanlage. Der 4,4-Liter-Biturbo-V8 leistet 555 PS, die das fast 2,4 Tonnen schwere Auto in beeindruckenden 4,7 Sekunden auf Tempo 100 beschleunigen. Der Motor ist nicht nur der erste aufgeladene M-Motor, sondern auch das welterste Aggregat mit Zylinderbank-übergreifendem Abgaskrümmer und „Twin Scroll Twin Turbo"-Technologie. Dabei sind die Turbolader und Katalysatoren im V-Raum zwischen Zylinderbänken positioniert. Das führt zu spontanem Ansprechverhalten sowie linearer Leistungsentfaltung und konstantem Drehmomentverlauf. Die Kraft wird auf alle vier Räder verteilt dank des weiterentwickelten Allradsystems, das nun „xDrive" genannt wird. Freigeschaltet schafft der große Wagen 275 km/h.

Technische Daten	BMW X5 M
Code	E70
Bauart	SUV
Bauzeit	2009 bis 2013
Motor	Biturbo-V8
Hubraum	4395 cm^3
Leistung	555 PS bei 6000/min
Getriebe	Sechsgang-Automatik
Antrieb	Allrad
Gewicht	2380 kg
V_{max}	250 (275) km/h

Technische Daten	BMW M3 GTS
Code	E92
Bauart	Coupé
Bauzeit	2010-2013
Motor	V8
Hubraum	4361 cm^3
Leistung	450 PS bei 8300/min
Getriebe	Siebengang-Doppelkupplung
Antrieb	Hinterräder
Gewicht	1530 kg
V_{max}	305 km/h

BMW M3 GTS

Eigentlich ist der M3 GTS nichts anderes als ein limitiertes Jubiläumsmodell für die Freunde des Hauses – mehr als 150 Stück legen die Bayern von dem Über-Dreier und legitimen Nachfolger des M3 CSL (E46) nicht auf. Doch für Fans der schnellen Wege macht der M3 GTS Sinn: Damit können sie die Nordschleife des Nürburgrings 17 Sekunden schneller umrunden als mit dem regulären M3 Coupé. Und das auch noch sicher: Statt Rücksitzbank ist im Fond ein massiver Überrollkäfig verschraubt. Der GTS ist um 50 Kilo leichter als die Basis und um 30 PS stärker, letzteres wird vor allem durch Vergrößerung des Hubraumes geschafft. Weder aufdringliches Geräuschniveau noch optische Auffälligkeiten halten den Besitzer davon ab, problemlos durch die Stadt zu cruisen oder eine Langstreckenfahrt zu genießen. Im Kaufpreis des M3 GTS von 136.850 Euro (wird individuell nach Kundenbestellung gebaut und per Einzelabnahme zugelassen) enthalten ist ausnahmsweise die Freischaltung auf 305 km/h Spitze.

Als im Juli 2013 die Produktion des alten 3er Coupés eingestellt wird, läuft ein M3 GTS als letzter E92 im Werk Regensburg vom Band.

BMW 1er M Coupé

Klein, aber oho: Während der aktuelle M3 in seine letzte Runde geht und der neue M5 noch nicht da ist, plustern die Bayern ihren Einser auf – vielleicht auch um die Modellpalette nach unten hin abzurunden und eine Art Gegengewicht zu den großkalibrigen X5 M und X6 M ins Portfolio aufzunehmen. Der Einser wird zum M Coupé, standesgemäß hinterradgetrieben und mit 340 PS und 450 Nm plus 50 Nm dank Overboost aus dem Sechszylinder-Biturbo. Man will damit endlich auch den jüngeren und damit nicht ganz so solventen Kunden einen M anbieten – der Einstieg kostet jetzt etwas mehr als 50.000 Euro. Der Sprint aus dem Stand auf 100 km/h ist in 4,9 Sekunden absolviert – und das, obwohl der Kompakte fast 1,5 Tonnen wiegt, was nicht wenig ist. Ein Spaß-Knopf ist die M-Taste im Multifunktionslenkrad: Sie sorgt für eine besonders sportliche Kennlinie für die Motorsteuerung; Gaspedalbefehle werden schneller umgesetzt und der Motorsound verschafft sich nachdrücklich Gehör.

Technische Daten	**BMW 1er M Coupé**
Code	E82
Bauart	Coupé
Bauzeit	2011 bis 2012
Motor	Biturbo-Sechszylinder/Reihe
Hubraum	2979 cm^3
Leistung	340 PS bei 5900/min
Getriebe	Sechsgang-Handschalter
Antrieb	Hinterräder
Gewicht	1495 kg
V_{max}	250 km/h

BMW M5

Die Fangemeinde hat lange gewartet, jetzt ist er da: BMW stellt die fünfte Generation des M5 auf der IAA 2011 vor. Allerdings rücken die Bayern wieder vom Zehnzylinder ab und kommen zurück zum V8, der – erstmals – von Turboladern aufgeladen wird, in diesem Falle von zwei. Mit 560 PS und 680 Nm ist das Auto das leistungsstärkste Modell von BMW, dass je serienmäßig und für die Straße hergestellt wurde. Oder anders ausgedrückt: in 4,3 Sekunden von 0 auf 100 km/h. Für diese Auszeichnung reicht ein Hubraum von 4,4 Litern. Die Umstellung auf V8 ist dem Trend zu verdanken, dass aufgeladene Motoren in Sachen Leistung und Effizienz wesentlich mehr Entwicklungsmöglichkeiten versprechen als Saugmotoren. Allerdings gilt auch: je jünger, je fetter – der F10 ist rund 120 Kilo schwerer als sein Vorgänger.

Wen das stört, der kann das optionale „Competition"-Paket ordern: mehr Ladedruck, deswegen 15 Mehr-PS, modifizierte Abgasanlage, knackigere Lenkung, Karosserie um zehn Millimeter tiefer. 2014 bietet die M GmbH auch noch das Sondermodell „30 Jahre M5" an mit natürlich mehr Leistung, nämlich 600 PS. 2013 erfährt der M5 ein vorsichtiges Facelift, ohne an Kraft zuzulegen. Die einfachste Variante kostet danach 103.700 Euro – 1000 Euro mehr als bei der Präsentation zwei Jahre zuvor.

Technische Daten	**BMW M5**
Code	F10
Bauart	Limousine
Bauzeit	ab 2011
Motor	Biturbo-V8
Hubraum	4395 cm^3
Leistung	560 PS bei 6000/min
Getriebe	Siebengang-Doppelkupplung
Antrieb	Hinterräder
Gewicht	1940 kg
V_{max}	250 (305) km/h

BMW M6 Gran Coupé

Wenn man schon ein viersitziges Coupé im Portfolio hat, kann man das ja auch mal zur M-Kur schicken – so stellen die Bayern das M6 Gran Coupé auf die Räder. Das Auto ist ein äußerst schneller Gleiter trotz seiner zwei Tonnen Gewicht. Hinzu kommen fast drei Meter Radstand und ein echter Kofferraum – das Auto ist ein GT im besten Sinne. Große Lufteinlässe vorne, Kiemen auf den Vorderkotflügeln, vier Auspuff-Endrohre, ein Diffusor und das Carbon-Dach sind als typische M-Insignien eingearbeitet. Als Antrieb erhält das M6 Gran Coupé den Biturbo-V8 aus dem M5, ebenfalls mit 560 PS und 680 Nm. Das Auto darf sogar ab Werk 305 km/h rennen. Auch an die Fondpassagiere ist gedacht: Hinten ist ausreichend Platz, um auch Mitreisenden die Freude am Fahren zu vermitteln. Vorne zwängen die stark konturierten M-Sitze bestimmte Staturen ein. Wer ihn haben will, muss mindestens 128.800 Euro ausgeben.

Technische Daten	BMW M6 Gran Coupé
Code	F06
Bauart	Coupé-Limousine
Bauzeit	ab 2012
Motor	Biturbo-V8
Hubraum	4395 cm^3
Leistung	560 PS bei 6000/min
Getriebe	Siebengang-Doppelkupplung
Antrieb	Hinterräder
Gewicht	1950 kg
V_{max}	305 km/h

BMW M6 Coupé, Cabrio

Die neuen M6 Coupé- und M6 Cabriolet-Versionen führen den Downsizing-Weg von BMW konsequent fort: Auch die neuen Power-Sechser bekommen statt des bisherigen V10 den neuen Biturbo-V8, ausgestattet mit den gleichen Leistungsdaten wie beim M5 und beim M6 Gran Coupé. Bei M6 Coupé und Cabrio bedeutet das: Ein Normverbrauch von nur noch 9,9 Litern Benzin auf 100 Kilometer – das sind satte 30 Prozent weniger als beim Vorgänger. Der volle Druck liegt bereits ab 1500 Umdrehungen an – das macht die Autos so begehrenswert.

Allerdings darf man keine Angst vor hohen Preisen haben: Das Coupé kostet 123.600 Euro, für das Cabrio müssen bereits 131.000 Euro bezahlt werden. Damit ist das M6 Cabrio jetzt das teuerste Auto im BMW-Portfolio. Dafür bekommt man aber auch das volle Elektronik-Paket, von vielen Fahrprogrammen über ein aktives Hinterachsdifferenzial, M-Sportfahrwerk mit verstellbaren Dämpfern sowie eine Karbon-Keramik-Bremsanlage. Auch beim M6 Coupé und Cabrio ist die „Competition Edition" zu haben, dann leistet der V8-Biturbo 600 PS – also nochmal 40 PS mehr als die Serie.

Technische Daten	BMW M6 Cabrio
Code	F12/13
Bauart	Cabriolet, Coupé
Bauzeit	ab 2012
Motor	Biturbo-V8
Hubraum	4395 cm^3
Leistung	560 PS bei 6000/min
Getriebe	Siebengang-Doppelkupplung
Antrieb	Hinterräder
Gewicht	2055 kg
V_{max}	305 km/h

BMW M3

2014 kommt die fünfte Generation des M3 mit mehreren Änderungen. Die erste betrifft die Nomenklatur: Der Name M3 bleibt der viertürigen Power-Limousine vorbehalten, die technisch ähnlichen Varianten Coupé und Cabriolet heißen ab sofort M4. Die zweite betrifft das Downsizing: Als Herz arbeitet statt des bisherigen V8 ein Dreiliter-Biturbo-Sechszylinder mit überzeugenden 431 PS. 550 Nm drücken den 71.500 Euro teuren Familiensportler kräftig nach vorne, mit Schaltgetriebe in schnellen 4,3 Sekunden von 0 auf 100 km/h.

Wie inzwischen üblich (und wie bei den M4-Varianten) hat der Kunde die Wahl zwischen dem serienmäßigen Sechsganggetriebe und einem (40 Kilo schwereren) Siebengang-Doppelkupplungsgetriebe. Letzteres besitzt das „Drivelogic"-System für M-Hochdrehzahlmotoren: Es erkennt die beste Gangwahl für diverse Fahrbahnbeschaffenheiten, verfügt über eine Launch Control, unterstützt mit „Low Speed Assistance" und bietet eine „Auto Start-Stop"-Funktion an. Im Lenkrad stecken zusätzlich zwei programmierbare „M"-Tasten, mit denen der Pilot die Charakteristik von Gaspedal, Lenkung, Schaltung und Stoßdämpfern in drei verschiedenen Stufen seinem präferierten Fahrstil elektronisch anpassen kann (das alles gilt auch für die M4). Mit dem aufpreispflichtigen „BMW M Driver's Package" darf der M3-Lenker 280 km/h statt 250 km/h Spitze fahren. Seit Anfang 2016 bietet BMW auch wieder ein „Competition"-Modell an. Das überzeugt mit 450 PS, was einen noch kürzeren Sprint verspricht.

Technische Daten	BMW M3
Code	F80
Bauart	Limousine
Bauzeit	ab 2014
Motor	Biturbo-Sechszylinder/Reihe
Hubraum	2979 cm^3
Leistung	431 PS bei 5500/min
Getriebe	Sechsgang-Handschalter
Antrieb	Hinterräder
Gewicht	1595 kg
V_{max}	250 (280) km/h

BMW X6 M

Der überarbeitete BMW X6 M erscheint gleichzeitig mit dem X5 M und ist auch technisch sehr verwandt mit ihm. Die größten Unterschiede bilden – wie zuvor – die Karosserieformen. Steht der X5 M noch weitgehend zu seinen luxuriösen Geländewagen-Genen, ist der fast 118.000 Euro teuere X6 M doch eher ein bulliges und allradgetriebenes Hoch-Coupé. Bei der Performance macht das im Vergleich zum X5 M überhaupt keinen Unterschied – nur im Preis und im Gewicht: Bei Erscheinen ist das SAC (Sport Activity Coupé) 3400 Euro teurer und 30 Kilo schwerer.

Nicht jedermanns Sache ist die eingeschränkte Übersichtlichkeit und der für diese Fahrzeuggröße eher bescheiden anmutende Kofferraum mit 550 Liter Fassungsvermögen; der X5 M kann hier mit immerhin 100 Litern mehr punkten, was aber der Karosserieform geschuldet ist: Aber wen interessiert's? Nicht umsonst präsentiert BMW sein Sport-Monster auf dem Formel-1-Kurs „Circuit of Americas" in Texas. Eventuelle Wankbewegungen werden elektronisch eliminiert (steifere Tragfedern, überarbeitete Doppelquerlenker-Vorderachse). Wie auch bei anderen Modellen schaltet BMW die Top-Geschwindigkeit von 250 auf 280 km/h frei, wenn man sich gegen Aufpreis mit einem BMW-Fahrertraining temporär weiterbildet.

Technische Daten	**BMW X6 M**
Code	F86
Bauart	SUV-Coupé
Bauzeit	ab 2014
Motor	Biturbo-V8
Hubraum	4395 cm^3
Leistung	575 PS bei 6000/min
Getriebe	Achtgang-Automatik
Antrieb	Allrad
Gewicht	2305 kg
V_{max}	250 (280) km/h

BMW M760Li xDrive

Mit dem BMW M760Li xDrive sorgt die M GmbH für den stärksten Siebener aller Zeiten: Dank aufgeladenem Zwölfzylinder fährt der ausschließlich in der Langversion erhältliche Luxusschlitten mit 600 PS vor. Da wird der Chef dann schon mal mit 3,9 Sekunden auf 100 km/h ins Fauteuil gedrückt, wenn der Chauffeur ein bisschen Gas geben soll. Allerdings bietet es sich für den Eigner auch an, sich selbst hinters Volant zu setzen: 800 Nm unterm Gasfuß zu haben ist ein Erlebnis, das man selber machen sollte. Erst recht, wenn alle Räder angetrieben werden.

In Sachen Top-Speed ist BMW gnadenlos: 250 km/h und Schluss. Es sei denn, man ordert das „BMW Driver's Package", dann rennt der Vorstandswagen problemlos 305 km/h. Ausstattungsmäßig ist der Top-Siebener ganz vorn: Integral-Aktivlenkung, Klappenauspuff, „Executive Drive Pro"-Fahrwerk. Äußerlich zeigen 20-Zoll-Felgen, das M-Aerodynamikpaket und V12-Embleme, wessen Kind die Kraftlimousine ist. Wer lieber etwas dezenter auftritt, bestellt dagegen die „V12-Excellence"-Option, die den Sound und die Luftleitteile weglässt und dafür dezentes Chrom über den Wagen verteilt. So oder so: Solvent sollte man sein. Auch wenn der Preis bei Drucklegung noch nicht feststeht.

Technische Daten	BMW M760Li xDrive
Code	G11
Bauart	Limousine
Bauzeit	2016
Motor	V12-Turbo
Hubraum	6600 cm^3
Leistung	600 PS bei 5500/min
Getriebe	Achtgang-Automatik
Antrieb	Allrad
Gewicht	2255 kg
V_{max}	250 (305) km/h

BMW M4 GTS

Mit dem M4 GTS nimmt BMW die Tradition der Sondermodelle auf M3-Basis wieder auf. Der kompromisslose Racer soll ebenso auf der Rennstrecke wie auch auf der Straße bestehen. BMW markiert mit dem M4 GTS eine Rundenzeit von 7:28 Minuten auf der Nordschleife des Nürburgrings, was schon Einiges über seine Vorzüge verrät – inklusive der Keramik-Carbon-Bremsen, die die Energie auch wieder zuverlässig vernichten. Das Sechszylinder-Biturbo-Aggregat arbeitet mit Wassereinspritzung: Ein feiner Sprühnebel wird in den Sammler des Saugmoduls eingespritzt. Die Ansaugluft kühlt dadurch ab, damit steigt die Verdichtungsendtemperatur und sinkt die Klopfneigung. Das Ergebnis: höherer Ladedruck und früherer Zündzeitpunkt. 500 PS und 600 Nm sind passend für gut 1,5 Tonnen Gewicht, und das bedeutet wiederum den Sprint in 3,8 Sekunden von 0 auf 100 km/h.

Technische Daten	BMW M4 GTS
Code	E82
Bauart	Coupè
Bauzeit	2016
Motor	Sechszylinder-Biturbo/Reihe
Hubraum	2979 cm
Leistung	500 PS bei 5500/min
Getriebe	Siebengang-Doppelkupplung
Antrieb	Hinterräder
Gewicht	1510 kg
V_{max}	305 km/h

BMW hat versucht, das Auto möglichst leicht zu machen dank Einsatz von Carbon, woraus zum Beispiel die Motorhaube besteht. Der Renner besitzt ein einstellbares Gewindefahrwerk, Frontsplitter und Heckspoiler, Titan-Endschalldämpfer und serienmäßig Semi-Slicks. Innen dominieren Carbon-Leder-Sitzschalen, ein Alcantara-Lenkrad, Leichtbautürtafeln, Clubsport-Bügel und Sechspunktgurte. Als Weltneuheit bringt BMW im M4 GTS OLED-Rückleuchten. Das knapp 143.000 Euro teure Modell ist auf 700 Stück limitiert – bereits Ende 2015 sind alle Exemplare verkauft – organische Leuchtdioden (OLED) bestehen aus mehrschichtigen Lagen von elektrisch unterschiedlich aktiven Kunststoffschichten.

BMW M2 Coupé

2016 wird auch die Zweier-Reihe mit einem M geadelt: Der M2 ist mit 19-Zoll-Rädern, Achsen vom M3 und M4 und den Bremsen aus dem M4 veredelt. Schürzen mit großen Lufteinlässen charakterisieren die Front, weit ausgestellte Radhäuser zeugen von Potenz. Die produziert hauptsächlich der aufgeladene Dreiliter-Sechszylinder-Reihenmotor mit 370 PS und 465 Newtonmeter (dank Overboost sogar kurzzeitig 500 Nm). Per Knopfdruck wird er zum Leben erweckt, der Sound bei fast jeder Drehzahl macht klar, wessen Kind er ist. Im Sport-Modus spotzelt, spratzelt und rotzt er, was man einfach live hören muss. Innen labt man sich an PS- und Drehmomentanzeige, der Magen realisiert den Sprint in 4,5 Sekunden auf 100 km/h (mit optionalem Siebengang-Doppelkupplungsgetriebe sind es sogar nur 4,3 Sek.). Nette Features: Mit der GoPro-App kann man eine Kamera über das Infotainment-System bedienen, mit der M-Laptimer-App speichert man Telemetriedaten. Der Spaß kostet aber auch in der Basisversion bereits 56.700 Euro. Die wichtigsten BMW-Rennwagen der Nachkriegszeit

Technische Daten	BMW M2 Coupé
Code	F87
Bauart	Coupé
Bauzeit	seit 2015
Motor	Biturbo-Sechszylinder/Reihe
Hubraum	2979 cm^3
Leistung	370 PS bei 6500/min
Getriebe	Sechsgang-Handschalter
Antrieb	Hinterräder
Gewicht	1570 kg
V_{max}	250 (270) km/h

Weltweite Erfolge im Motorport

BMW 02er Reihe

Die Kraft, die Leichtigkeit und das gute Handling sind Gründe, warum die 02er Reihe im Motorsport außerordentlich erfolgreich agiert. Ob Slalom, Rallye, Bergrennen oder Rundstrecke – BMW ist vorne dabei. Ab Mitte der 1960er Jahre überlässt BMW die Rundstrecken-Meisterschaft den Privatfahrern und widmet sich selbst mit Werkseinsätzen der Tourenwagen-Europameisterschaft. Die Bayern fahren in der Division 2 (bis 2000 Kubik). 1966 gewinnt Josef Schnitzer auf BMW 1800 TI die Klasse unter 2000 Kubik, 1970 Dieter Hegels vom Team Alpina auf BMW 1602 die Klasse bis 1600 Kubik. Die Truppe von GS-Tuning setzt 1975 und 1976 den 2002 in der populären Deutschen Rennsport-Meisterschaft ein (im Bild Jörg Obermoser beim Preis der Nationen auf dem Hockenheimring 1976). Apropos Tuner: Ganz nebenbei nehmen sich Spezialisten der BMW-Modelle an, um sie schneller und stärker zu machen und bieten diverse Leistungs-Kits auch dem sportlich ambitionierten Alltagsfahrer an. So beginnen Tuning-Schmieden wie Schnitzer, Alpina, Hartge und Koepchen ihre Arbeit.

BMW 3.0 CSL Coupé

Nachdem die Motorsport GmbH das für den Rennsport viel zu schwere Dreiliter-Coupé namens 3.0 CSi um 230 Kilo erleichtert hat und es als CSL in der Rennversion nun nur noch 1062 Kilo auf die Waage bringt, vergrößert man den Dreiliter-Sechszylinder-Rennmotor auf 3,3 Liter, später sogar auf 3,5 Liter. 1973 verpflichtet BMW die Könner Chris Amon, Toine Hezemans, Hans-Joachim Stuck und Dieter Quester. Anfangs noch mit 360 PS starkem Zweiventiler fahren die Männer bereits auf Augenhöhe mit den vorher überlegenen Ford Capri. Ein erstmals beflügelter CSL, Spitzname „Batmobil", unterbietet die bisherige Spitzenzeit auf der Nordschleife um 15 Sekunden.

Der größte Erfolg aber ist der Sieg der Europameisterschaft 1973 mit Stuck und Amon. Inzwischen sind die Motoren auf 3,5 Liter gewachsen und bieten 370 PS (in diversen Powerstufen sogar 750 PS, möglich dank Biturbo-Aufladung). Gelingt 1974 noch kein Erfolg gegen die Kölner, heimst BMW zwischen 1975 und 1979 fünf Mal die Eurpameisterschaft ein. Das Auto siegt aber auch in der amerikanischen IMSA-Serie.

BMW 320 Gruppe 5 DRM

1977 gründet BMW das BMW-Junior-Team für die Deutsche Rennsport-Meisterschaft. Das Auto: der BMW 320 Gruppe 5. Basis ist ein 320 (E21), dem rund 300 Kilo Gewicht genommen werden. Die Fahrer heißen Marc Surer, Manfred Winkelhock und Eddie Cheever. Bald werden sie „Wilde Reiter GmbH" genannt – ihre Disziplin auf der Rennpiste ist mehr als mangelhaft.

Mit Harald Ertl als Fahrer holt BMW 1978 den Titel mit dem Schnitzer BMW 320 Turbo, 1979 wird das Auto Klassensieger bis zwei Liter beim 1000-Kilometer-Rennen am Nürburgring. Hans-Joachim Stuck holt den Titel des Vizemeisters 1980 im Schnitzer BMW 320 Turbo. Auch die hochtalentierte Formel-1-Nachwuchshoffnung Markus Höttinger, der später bei einem Formel-2-Rennen tödlich verunglückt, sammelt wertvolle Erfahrungen mit dem Münchner Tourenwagen (Bild rechts).

Den BMW 320 Formel 2 gibt es als Bausatz für etwa 90.000 Mark mit Zweiliter-Vierzylinder und rund 300 PS. Das Modell 320 Turbo besitzt den Formel-2-Motor mit Turbolader und leistet bis zu 480 PS. Schließlich kommt Schnitzer noch mit einem speziellen 320 Turbo: Der hat einen Sechzehnventiler auf Basis des BMW M10-Motors unter der Kunststoffhaube und bietet 410 PS.

M1 ProCar

Eine neue Rennserie zeigt sich erstmals am 12. Mai 1979 im belgischen Zolder als Rahmenprogramm zum Formel-1-Lauf: Maximal 25 BMW M1 treten in der neuen ProCar-Serie gegeneinander an. Modus: Die fünf trainingsschnellsten F1-Piloten messen sich mit Werks- und Privatfahrern. Die Renndauer beträgt ein Drittel der F1-Renndistanz. Preis des Saisonsiegers: natürlich ein BMW M1. Es wird aber nur 1979 und 1980 gefahren. Erster Sieger: Niki Lauda, zweiter Sieger: Nelson Piquet. Das Ende der Serie kommt so schnell, weil sich die Straßen-M1 trotz Rennserie schwer verkaufen lassen und BMW sich für den F1-Motorenbau entscheidet.

Von den ProCar-M1 sollen zwischen 44 und 48 Stück gebaut worden sein von drei verschiedenen Herstellern: BMW Motorsport GmbH, Osella (Italien) und Project Four (Großbritannien). Privatfahrer können das Auto für 150.000 Mark pro Stück kaufen, dann haben sie 470 PS zur Verfügung, was für ein Top-Tempo von mehr als 300 km/h reicht.

Brabham BMW F1

Nelson Piquet sorgt 1982 beim Großen Preis von Kanada für den ersten Sieg eines Formel-1-Autos mit BMW-Motor im 650 PS starken Brabham BMW F1. Das Jahr 1983 beginnt genauso gut: Schon beim ersten Lauf in Brasilien siegt Piquet im BMW-befeuerten Brabham BT52, den Paul Rosche als vierzylindrigen 1,5-Liter-Vierventil-Motor entwickelt hat. Zum ersten Mal in der Formel ist ein Turboaggregat erfolgreich, und erstmals in der F1 wird digitale Motorelektronik eingesetzt.

Der Motor wiegt mit 165 Kilo zwar etwas mehr als die Triebwerke der Konkurrenz, leistet aber im Training bis zu 1400 PS. Der Auftaktsieg 1983 ist kein Strohfeuer: Piquet sichert sich mit dem Kraftwerk aus Bayern auch die Fahrerweltmeisterschaft. Die Erfolgsserie hält allerdings nicht an.

Bis 1987 liefert BMW Motoren an Brabham, auch ATS, Arrows und Ligier nutzen die bayerische Kraft. Von 1982 bis 1987 erlangen BMW-befeuerte F1-Renner insgesamt neun Siege, 13 Pole Positions und 14 schnellste Rennrunden.

BMW M3

Der BMW M3 (E30) gilt als das erfolgreichste Tourenwagen-Rennfahrzeug der Welt. Das Auto wird von April 1987 bis zum Oktober 1988 gebaut und ist mit seinem 2,4-Liter-Reihenvierzylinder schlicht überlegen. Die Maschine gibt 315 PS und 287 Nm auf die Hinterräder ab. Je nach Übersetzung sprintet der nur 980 Kilo leichte Racer in 4,9 bis 5,4 Sekunden aus dem Stand auf 100 km/h, die Höchstgeschwindigkeit variiert aus demselben Grund zwischen 240 und 280 km/h. Sieger der Tourenwagen-Meisterschaft wird 1987 Eric van de Poele, zwei Jahre später heißt der Meister Roberto Ravaglia auf BMW Bigazzi M3, 1990 holt der ehemalige Motorrad-weltmeister Johnny Cecotto (siehe Bild links) zusammen mit dem Team Warthofer den Vizemeistertitel.

Nach dem Ende der DTM im Jahr 1992 fahren diverse DTM-BMW noch in Asien – da leisten die Vierzylinder sogar bis zu 360 PS. Außerdem setzen BMW und Alpina die Autos auch im Rahmen der FIA-GT3-European Championship ein. Winfried Vogt sichert sich mit dem M3 die Europameisterschaft. Die Paarung gewinnt durch Konstanz, denn sie können von zehn Läufen keinen einzigen gewinnen. Harald Grohs dagegen gewinnt im M3 zwei Läufe, Marc Hessel, Fabien Giroix und Olaf Manthey je einen.

1987 sichert sich BMW mit dem M3 auch die Tourenwagen-Weltmeisterschaft, und zwar mit Roberto Ravaglia am Steuer – aber die Serie wird nach diesem einen Jahr schon wieder eingestampft.

BMW 318is Klasse 2

Nachdem sich das Klasse-1-Reglement mit den teuren und technisch sehr komplexen ITC- bzw. DTM-Fahrzeugen Mitte der 1990er Jahre international nicht durchsetzen kann, wechseln die Hersteller zur – zunächst – kostengünstigeren Klasse 2. Die Fahrzeuge nach diesem sehr eng gefassten Reglement können bei zahlreichen verschiedenen nationalen Meisterschaften eingesetzt werden, sodass es für die Teams möglich ist, in einer Saison auch in verschiedenen Ländern mit demselben Einsatzwagen an den Start zu gehen. In Deutschland ist der Super-Tourenwagen Cup (STW) eine neue nationale Meisterschaft (1994-1999) nach diesem Reglement, in der Werks-Teams auf Kunden-Teams treffen. BMW erringt drei der insgesamt sechs ausgetragenen STW-Meisterschaften.

Beim 24h Rennen am Nürburgring gewinnt 1998 ein 245 PS starker 320d, der nach Klasse-2-Reglement konzeptioniert ist, allerdings von einem Diesel angetrieben wird und nicht wie der 318i aus der STW-Meisterschaft mit Benzin. Das Quartett Marc Duez/Andy Bovensiepen/Christian Menzel/Hans Joachim Stuck sorgen für eine Weltpremiere und sichern BMW nicht nur den 16ten Gesamtsieg bei dieser Veranstaltung: Der 320d mit der Startnummer 10 ist auch das erste dieselbetriebene Fahrzeug, das beim Kultrennen in der „grünen Hölle" als Erster über die Ziellinie fährt.

BMW V12 LMR

Für Le Mans entwirft Patrick Head den Williams BMW V12 LMR (Le Mans Roadster). Nur ganze vier Stück werden gebaut, als Nachfolger des 1998 in Le Mans gestarteten BMW V12 LM. Die BMW V12 LM und LMR besitzen einen ähnlichen Motor wie der McLaren F1 GTR. Die Zeit, Le Mans zu gewinnen, ist allerdings limitiert, weil man im Jahr 2000 gemeinsam mit Williams wieder in die Formel 1 einsteigen möchte.

Es entsteht ein Prototyp mit 580 PS – der einzige Hinweis auf BMW ist die angedeutete Niere an der Front. Zwei Autos werden von Schnitzer Motorsport eingesetzt – im Qualifying 1998 platzieren sich die beiden Wagen auf Platz 6 und 12. Wegen technischer Probleme besonders mit den Radlagern müssen beide Wagen beim Rennen 1998 innerhalb von vier Stunden aufhören. 1999 läuft es besser: Das Modell gewinnt mit gut 630 PS zunächst die 12 Stunden von Sebring und im Juni tatsächlich die 24 Stunden von Le Mans, einer der Piloten ist Jochen Winkelhock (im Bild oben rechts). Im Jahr 2000 dürfen die Autos dann noch in der Amerikanischen Le Mans Series fahren, haben aber gegen die neuen Audi R8 keine Chance.

BMW 320i ETCC 2003

Die Tourenwagen-Europameisterschaft (ETCC) besteht im Jahr 2003 aus 20 Läufen auf zehn verschiedenen Strecken. Es fahren nur BMW, Alfa Romeo und Seat mit – und BMW hat zunächst die Nase vorn: Bei den 20 Rennen siegt elfmal ein BMW 320i, am Steuer Dirk Müller (siehe Bild unten), Jörg Müller, Andy Priaulx und Roberto Colciago. In der Endabrechnung muss sich Jörg Müller allerdings gegen Gabriele Tarquini auf Alfa Romeo geschlagen geben – in der Endabrechnung fehlt 1 Punkt zum großen Erfolg.

BMW M3 GTR

Der BMW M3 GTR wird ursprünglich für die American Le Mans Series gebaut. Im Jahr 2000 besitzt er einen 3,2-Liter-Reihensechszylinder und erreicht damit im Endeffekt den dritten Platz. 2001 nimmt sich Schnitzer Motorsport des Boliden an, der nun mit einem über 400 PS starken Vierliter-V8 bestückt ist. Nach fünf Siegen wird beim Saisonende, dem Petit Le Mans, das faktische Aus besiegelt: BMW hat es versäumt, die vom GT-Reglement geforderte Straßenversion rechtzeitig zu präsentieren. Obwohl BMW im Laufe von 2001 nur zehn Stück statt der geforderten 25 nachreicht, wird BMW der Sieg (sowohl Fahrer- als auch Teamwertung) in der GT-Klasse zugesprochen. Von 2002 an müssen 1000 Autos existieren – oder man muss sich mit Air-Restriktoren abfinden und Gewicht aufnehmen. Dazu ist BMW nicht bereit und steigt konsequenterweise aus der Serie aus. Ab 2003 werden die beiden M3 GTR für Langstreckenrennen eingesetzt. 2004 und 2005 gewinnt je ein M3 GTR die 24 Stunden vom Nürburgring.

BMW 320i WTCC

Für den deutschen Rennfahrer Jörg Müller wird der BMW 320 eines der wichtigsten Autos seiner Karriere. 1995 wird er auf dem 320i Zwölfter in der STW (Supertourenwagen-Meisterschaft). Von 2002 bis 2004 fährt der Hückelhovener im 320i die Europäische Tourenwagen-Meisterschaft (ETCC), von 2005 bis 2008 die Tourenwagenmeisterschaft WTCC. In den vier Jahren erringt er zehn Siege, 2006 schafft er seinen besten Saisonabschluss als WTCC-Vizemeister. Der heute in Monaco lebende Routinier Müller unternimmt auch die ersten Testfahrt mit dem nagelneuen M6 GT3 im Jahr 2015.

BMW Z4 GT3

Auf Basis des Z4 (E89) baut BMW 2010 ein GT3-Einsatzfahrzeug auf, den BMW Z4 GT3. Die Karosserie ähnelt der der Straßenversion, allerdings sind alle Hauben, Türen, Schürzen, das Dach und die Flügel aus kohlefaserverstärktem Kunststoff. Im Innenraum wird ein aufwändiger Überrollkäfig installiert. Alles in allem benötigt der Umbau etwa 700 Arbeitsstunden.

Zunächst treibt ein Vierliter-V8 mit 480 PS das 1200 kg leichte Auto an, später gibt es 515 PS dank der 4,4-Liter-Hubraumvariante des aufgebohrten Motors des straßenzugelassenen M3 GTS. 2010 kostet ein Z4 GT3 rennfertig knapp 300.000 Euro, die Mehrwertsteuer muss dazugerechnet werden. Einer der größten Erfolge ist der Sieg beim 24-Stunden-Rennen in Spa-Franchorchamps in der Abschiedssaison 2015.

GRAN
BMW
Castrol
BBS
LUK
DUNLOP
BILSTEIN
crowneplaza.com

BMW M3 GT2

Eigentlich hat BMW den M3 GT2 für die amerikanische ALMS-Serie entwickelt. Doch das 24-Stunden-Rennen am Nürburgring 2010 wird ein großer Triumph für BMW mit diesem Auto. Zwar setzen sich zunächst vier Audi R8 LMS im Training durch, nach Start des Rennens führt allerdings ein Manthey-Porsche. Sonntagfrüh liegt der V8-befeuerte Schnitzer BMW M3 GT2 (Bild links) mit etwa 485 PS an zweiter Stelle, als ein Holzteil in den Kühler einschlägt. Doch die Schnitzer-Jungs reparieren schnell. Zwei Stunden vor Rennende muss der führende Manthey-Porsche mit Motorschaden aufgeben – und dem Schnitzer-BMW mit Jörg Müller/Augusto Farfus/Uwe Alzen/Pedro Lamy ist der Sieg nicht mehr zu nehmen. Das ist der 19. Gesamtsieg in der „Grünen Hölle" für BMW seit 1970. Schnitzer wird mit dem fünften Gesamtsieg das erfolgreichste 24h-Team am Nürburgring, und Schlussfahrer Perdo Lamy mit fünf Siegen der erfolgreichste Fahrer der Geschichte des 24-Stunden-Rennens in der Eifel.

BMW M4 DTM

2012 tritt BMW nach fast zwei Jahrzehnten Abstinenz wieder in den – neuen– DTM-Zirkus ein, weil ein neues Reglement erlaubt, mit den Autos auch international antreten zu können. Der BMW M3 DTM trägt sofort im ersten Jahr der Rückkehr die Marke zum Hersteller-, Team- und Fahrertitel. Für die Saison 2014 steht der Nachfolger am Start: Beim M4 DTM ziehen die Ingenieure die Front weiter herunter, machen die Motorhaube länger und optimieren die Seitenspiegel aerodynamisch. Tatsächlich kann das Auto 2014 nahtlos an die Erfolge des Vorgängers anschließen: Marco Wittmann (Bild rechts) wird schon beim drittletzten Rennen DTM-Champion, das BMW-Team RMG wird Erster in der Teamwertung. 2015 sichert sich BMW mit acht eingesetzten BMW M4 DTM den Hersteller-Titel. Das knapp 4,7 Meter lange und 1120 Kilo schwere Auto wird von einem Vierliter-Benziner mit rund 500 PS befeuert.

SACHS
SACHS KURV
BOSCH
CROWNE PLAZA
BOSCH
ice
watch
Hankook
DEKRA
23
Zollner
EXIDE

BMW M6 GTLM

2016 präsentiert BMW den M6 GTLM zunächst für die nordamerikanische GT-Rennserie. Er ersetzt den BMW Z4 GTLM. Dazu wird ein GT3 umgebaut, bis er dem ACO-Reglement entspricht. Im Vergleich zum M6 GT3 muss der GTLM kein ABS besitzen und sollte weniger als 1250 Kilo leer wiegen. Damit ist er 50 Kilo leichter und besitzt einen etwas längeren Radstand als die GT3-Version. Auch Rad- und Reifengrößen sowie die Tankgröße sind unterschiedlich. Tatsächlich ist die US-Version schneller als der GT3, auch aufgrund der in Amerika vorgeschriebenen Michelin-Reifen. Der 4,4-Liter-Motor in V8-Bauweise leistet bis zu 585 PS, je nach Klasseneinteilung. Für den werksseitigen Einsatz des M6 GTML bei der nordamerikanischen IMSA WeatherTech SportsCar Championship ist das BMW Team RLL verantwortlich (Bild rechts). Das Team Rahal Letterman Lanigan Racing ist bereits in das alte Z4-Programm der letzten Jahre involviert.

THE NEXT
100 YEARS
PUMA
IHG Rewards Club
M Power
AUBERLEN
WERNER
FARFUS
SPENGLER
PENNZOIL
IHG Rewards Club
THE NEXT
100 YEARS
WeatherTech
25
GTLM
H&R
MPERFORMANCE
AERO

BMW M235i Racing Cup

Um den Breitensport zu fördern, bietet BMW den M235i Racing als Einsatzplattform an. Diese Cup-Klasse bildet allerdings keinen Markenpokal: Die Kunden sollen vielmehr zum Beispiel bei der VLN-Langstreckenmeisterschaft in einer eigenen Klasse mitfahren können oder bei den 24 Stunden am Nürburgring. Seine technischen Gene erhält das Auto vom M235i Coupé. Also steckt unter der Haube ein Dreiliter-M-Performance-Turbo-Reihensechszlinder mit 333 PS. Das Auto besitzt ABS, DSC und eine Traktionskontrolle sowie ein mechanisches Sperrdifferenzial. All das sorgt dafür, dass selbst Einsteiger mit dem Auto gleich vorne mitfahren können, wenn sie auch fahrerisch genug Qualitäten mitbringen. Der Sicherheitskäfig ist genauso Standard wie der Sicherheitstank.

BMW M6 GT3

Der BMW M6 GT3 löst den Z4 GT3 ab, der seit 2010 eingesetzt wird. Die zahlenden Kunden können damit in verschiedenen Rennserien im Rahmen der BMW Sports Trophy antreten. Dazu erhalten sie 585 PS aus dem 4,4-Liter-Turbo-V8. Das 1300 Kilo leichte Auto basiert auf einem aerodynamisch optimierten Chassis mit einer FIA-zertifizierten Sicherheitszelle. Neben dem Sechsgang-Renngetriebe gehören die obligatorischen Renn-Accessoires wie abnehmbares Lenkrad, verstellbare Pedale, Feuerlöschanlage und Schnellbetankungsanlage sowie eine Lufthebeanlage zur „Serienausstattung". Das Fahrwerk überzeugt mit verstellbaren Öhlins-Stoßdämpfern, Doppeldreiecksquerlenkern vorne und hinten, von außen justierbaren Stabis vorne und hinten sowie einer mehrstufig einstellbaren Traktionskontrolle. Konkurrenzfähigkeit hat allerdings auch ihren Preis: 379.000 Euro netto.

Den ersten großen Erfolg sichert sich der Neue beim Langstreckenklassiker im belgischen Spa-Francorchamps im Rahmen der Blancpain GT Series 2016: Nach regenbedingt teils sehr turbulenten 24 Sunden wird der Wagen des Teams ROWE Racing mit der Nummer 99 als Führender gewertet (Bild oben). Das Fahrer-Trio Maxime Martin, Philipp Eng und Alexander Sims sichert BMW den 23ten Gesamtsieg bei den 24 Stunden von Spa seit 1965.